Container Security

Fundamental Technology Concepts That Protect Containerized Applications

コンテナセキュリティ

コンテナ化されたアプリケーションを保護する要素技術

Liz Rice 著

水元 恭平、生賀 一輝、戸澤 涼、元内 柊也 訳

株式会社スリーシェイク 監修

インプレス

■本書情報および正誤表のWebページ

正誤表を掲載した場合、以下の本書情報ページに表示されます。

https://book.impress.co.jp/books/1122101051

監訳者のことば

コンテナ技術が広く普及し、サービスでも当たり前に利用されるようになった昨今、コンテナセキュリティへの関心はますます高まってきています。重要データを扱うサービスがコンテナで動作するようになれば、コンテナに対するサイバー攻撃が活発に行われるようになるのは想像に難くありません。攻撃者が狙うポイントは、コンテナイメージの脆弱性、コンテナランタイムやKubernetesの脆弱性、設定の不備など多岐にわたります。

コンテナに関するセキュリティの理解は、インフラ担当者、アプリ開発者、セキュリティ担当者それぞれに必要なものです。サービス開発においてインフラ担当者はKubernetes基盤の管理を行い、アプリ開発者は開発環境としてコンテナを使用します。アプリ開発者が本番サービス用のコンテナ作成を担当することも多く、その場合はDockerfileのセキュリティをアプリ開発者に委ねることになります。セキュリティ担当者はコンテナのセキュリティリスクを正しく評価するため、やはりコンテナの知識が必要になってきます。

本書は、O'Reilly Media, Inc.刊行の『Container Security: Fundamental Technology Concepts That Protect Containerized Applications』(Liz Rice著)の完訳です。本書はコンテナセキュリティについて有効な設定を紹介するだけの書籍ではありません。コンテナを構成するLinuxの要素技術から解説し、コンテナの仕組みを把握したうえで、根拠に基づいたセキュリティ強化を行えるよう理解を促します。後半では、Kubernetesのセキュリティを取り扱います。こちらもLinuxのセキュリティ機能やコンテナランタイムといった、低レイヤーの機能を紹介するだけでなく、正しく利用しなかった場合のセキュリティリスクについても解説しています。

本書で紹介する技術は、コンテナを利用するときに必ずしも必要なものではありません。Docker、Kubernetesの公式ドキュメントやベストプラクティスに従うだけでも、十分なセキュリティレベルを担保できる場合もあります。コンテナを構成する要素技術や分離の仕組み、Kubernetesの技術的詳細を理解することは蛇足のように感じるかもしれません。しかし、たとえば新規に発表されたコンテナ脆弱性について攻撃手法を調査したり、Kubernetes環境におけるリスク分析を行ったりする場面で、これらの知識は不可欠なものです。また、開発段階からコンテナのセキュリティを意識し、各機能の有効性を考慮した最適なセキュリティ設定を行うことができるようになります。

コンテナの仕組みや、Linuxの要素技術についての理解を深めていくと、Dockerや各コンテナランタイムを使用せずとも、コンテナのような分離プロセスを容易に起動できることがわかります。プロセス分離の理解が深まれば、攻撃者が利用するコンテナエスケープの方法が複数存在することに気がつくでしょう。コンテナに対する攻撃手法をあらかじめ知っておくことで、コンテナの安全な運用について、開発のより早い段階から意識できるようになります。コンテナの低レイヤー領域に興味のある方は、手を動かしながら楽しく学習できると思います。

本書を通して、皆さんがコンテナの仕組みに関心を持ち、コンテナのセキュリティ強化について考える機会となれば幸いです。安全なコンテナ環境の実現を目指し、共に取り組んでいきましょう。

監訳者 謝辞

本書の制作にご協力いただいた皆様に御礼申し上げます。

本文のレビューにご協力いただいた皆様、大変ありがとうございました。数多くの鋭い指摘からは我々自身が新たな気づきを得るとともに、書籍の品質を大きく向上させることができました。レビューの中で楽しく議論させていただいたことは、訳者一同にとって何よりも励みになりました。またご一緒できたら嬉しく思います。青山真也（株式会社サイバーエージェント）様、森田浩平（株式会社グラファー）様、島田健人（株式会社FLUX）様、後藤秀昂（株式会社FLUX）様には特に感謝の意を示したいと思います。

そして、書籍監訳の機会をいただきましたインプレスおよび編集部の皆様、大変ありがとうございました。監訳の進め方に関するアドバイスや校正など、執筆全体を通して大変お世話になりました。

慣れない作業の連続でしたが、無事に完遂できたのは皆様のおかげです。本当にありがとうございました。

まえがき

多くの企業がクラウドネイティブ環境でアプリケーションを実行し、コンテナやオーケストレーションを使ってスケーラビリティやレジリエンスを高めています。自社でクラウドネイティブ環境を構築する運用チーム、DevOpsチーム、DevSecOpsチームのメンバーは、自社のデプロイメントが安全かどうかをどのように判断しているのでしょうか。もしあなたが旧来の物理サーバーで構築されたシステムや仮想マシンシステムで経験を積んだセキュリティ専門家なら、既存の知識をコンテナのデプロイメントにどのように適応させればよいでしょうか。また、クラウドネイティブ環境を利用する開発者として、コンテナ化されたアプリケーションのセキュリティを向上させるためにはどのようなことを考慮する必要があるのでしょうか。本書では、コンテナやクラウドネイティブ環境にとって重要な基礎技術を掘り下げて解説します。これにより、自社の環境に当てはまるセキュリティリスクや解決策を正しく評価できるようになり、デプロイメントが危険にさらされてしまうのを防ぐことができます。

本書では、コンテナで一般的に使用されているビルドのための技術と方法論、それらがLinux OSでどのように構成されているかについて学びます。コンテナがどのように機能し、どのように通信するのかを掘り下げて解説し、コンテナセキュリティが「何であるか」だけでなく、より重要な「なぜそうなるのか」を解説していきます。本書の執筆目的は、コンテナをデプロイするときに何が起こっているのかを読者の皆さんに適切に理解してもらうことです。デプロイメントに影響を及ぼす可能性のある潜在的なセキュリティリスクを、読者自身が評価できるようになるのが理想です。

本書では、近年多くのビジネスで利用されている、KubernetesやDockerなどのシステム上で業務アプリケーションを実行する「アプリケーションコンテナ」を扱います。これは、Linux Containers Project[1]のLXCやLXDのような「システムコンテナ」とは対照的なものです。アプリケーションコンテナでは、アプリケーションの実行に必要な最小限のコードでイミュータブルなコンテナを実行することが推奨されています。これに対してシステムコンテナでは、

[1] https://linuxcontainers.org/

Linuxディストリビューションそのものを実行し、より仮想マシンに近い扱いをするように振る舞います。システムコンテナにSSHでアクセスするのは、ごく普通のことと考えられていますが、アプリケーションコンテナのセキュリティ専門家は、アプリケーションコンテナにSSHでアクセスすることに対して懐疑的です（理由については本書の後半で説明します）。しかし、アプリケーションコンテナとシステムコンテナの基本的な作成方法は、cgroupとnamespace、そしてrootディレクトリの変更です。本書は、さまざまなコンテナプロジェクトによるアプローチの違いを理解するための基礎を与えてくれるでしょう。

本書の想定読者

本書は、開発者、セキュリティ専門家、運用者、管理者のいずれであっても、物事の細部にまでこだわりを持ち、Linuxターミナルを操作するのが好きな人に最適です。

本書は、コンテナのセキュリティを丁寧に説明する解説書をお探しの方には向いていないかもしれません。あらゆる環境、あらゆる組織のあらゆるアプリケーションに有効な万能のアプローチは存在しないと筆者は考えています。その代わりに、コンテナでアプリケーションを実行するときに何が起こっているのか、さまざまなセキュリティの仕組みがどのように機能するのかを理解し、リスクを自分で判断できるようになってほしいと思っています。

本書の後半で説明するように、コンテナはLinuxカーネルの機能を組み合わせて作られています。コンテナを保護するには、Linuxホストで使っている仕組みと同じものを多数使う必要があります（なお、ここでは仮想マシンとベアメタルサーバーの両方をカバーするために「ホスト」という言葉を使用しています）。これらの仕組みがどのように機能するかを整理し、それらがどのようにコンテナで適用されるかを説明します。経験豊富なシステム管理者であれば、Linux関連の記述は飛ばして、コンテナに関する章だけを読み進めることもできます。

本書では対象読者として、コンテナについて基本的な知識があり、少なくともDockerやKubernetesを触ったことがある方を想定しています。「レジストリからコンテナイメージをpullする」「コンテナを実行する」などの言葉の意味は、その動作が具体的にどうなっているかはわからなくても直感的に理解できるはずです。少なくとも、本書を読む前に、コンテナの仕組みについて詳しく知っている必要はありません。

本書の扱う範囲

第1章では、まず、コンテナのデプロイメントに影響を与える脅威モデルと攻撃ベクトル、そしてコンテナセキュリティと従来のデプロイメントのセキュリティの違いについて考察します。第2章以降では、コンテナとコンテナ固有の脅威を正しく理解し、脅威からどのように身を守ることができるかを説明します。

コンテナをどのように保護するかを考える前に、コンテナがどのように機能するかを知る必要があります。第2章では、コンテナを使用するときに機能するシステムコールやcapability（ケーパビリティ）など、Linuxの中核的な仕組みについて説明します。第3章と第4章では、コンテナが作られるLinuxの構成要素について掘り下げていきます。これにより、コンテナの実態と、コンテナ同士がどの程度分離されているかを理解できます。第5章では、コンテナの分離と仮想マシンの分離を比較します。

第6章では、コンテナイメージの内容について学び、それらを安全に構築するためのベストプラクティスを検討します。第7章では、既知のソフトウェア脆弱性を持つコンテナイメージを特定する必要性について説明します。

第8章では、第4章で説明した基本的な仕組みを踏まえ、コンテナを堅牢化するために適用できるLinuxセキュリティ対策について説明します。第9章では、危険度が高く、よくある設定ミスによってコンテナの分離が損なわれる事態について見ていきます。

第10章では、コンテナ間通信について見ていきます。コンテナがどのように通信しているかを調べ、コンテナ間の接続を活用してセキュリティを強化する方法を探ります。第11章では、鍵と証明書の基本について説明します。コンテナ化されたコンポーネントは互いを識別し、コンテナ間で安全なネットワーク接続を設定するために鍵と証明書を使用できます。この仕組みは他のコンポーネントと変わりませんが、分散システムでは鍵と証明書が混乱の元になることが多いため、独立した章として取り上げています。第12章では、実行時に証明書などのクレデンシャルを安全に（または安全でない方法で）コンテナに渡す方法について見ていきます。

第13章では、コンテナの特徴を活かし、実行中のコンテナへの攻撃を防ぐためのセキュリティツールのあり方を考えます。

最後に第14章では、Open Web Application Security Projectが発表したセキュリティリスクのトップ10をレビューし、それらに対処するためのコンテナ固有のアプローチについて考察します。ネタバレになりますが、上位のセキュリティリスクのいくつかは、アプリケーションがコンテナ化されているかどうかにかかわらず、まったく同じ方法で対処できます。

Kubernetesに関する注意点

最近、コンテナを使用する人々の多くは、Kubernetes❷オーケストレータを使用しています。オーケストレータは、クラスタ内でワークロードの実行プロセスを自動化するものであり、本書ではこの概念について、基本的な理解を前提とする箇所があります。基本的には、Kubernetesのデプロイメントにおける「データプレーン」である、コンテナのレベルで作用する概念に焦点を当てています。

Kubernetesのワークロードはコンテナで実行されます。このため、本書でもKubernetesのセキュリティについて言及しますが、Kubernetesやクラウドネイティブのデプロイメントのセキュリティに関連する内容すべてを扱うわけではありません。本書の範囲外ですが、コントロールプレーンコンポーネントの設定と使用に関しては他にも多くの懸念があります。詳細について知りたい方は、Michael Hausenblasと共著の『Kubernetes Security』❸（O'Reilly Media、2018年）のページを見てください。

コマンド例

本書にはたくさんのコマンド例が掲載されています。是非ご自身で試してみてください。

本書の例では、読者の皆さんがpsやgrepといった基本的なLinuxコマンドや、kubectlやdockerといったコマンドを使ったコンテナアプリケーションの実行に慣れていることを前提に説明しています。本書では、Linuxコマンドを例に出し、kubectlやdockerの実行時に何が起こっているのか、詳しく解説します。

---

❷ https://kubernetes.io/

❸ https://www.oreilly.com/library/view/kubernetes-security/9781492039075/

本書で紹介するコマンドの実行には、Linuxマシンまたは仮想マシンにアクセスする必要があります。筆者は、macOSのVirtualBox❹上で動作するUbuntu 19.04の仮想マシンを使用してコマンド例を作成しました。また、仮想マシンの作成、起動、停止にはVagrant❺を使用しています。異なるLinuxディストリビューションや、クラウドプロバイダーの提供する仮想マシンを使用しても、同様の結果を得ることができるはずです。

コンテナの実行方法

多くの人にとって、コンテナを直接実行する主要な（おそらく唯一の）方法は、Dockerを使用することです。Dockerは、開発者が一般的に使いやすいと感じるツールを提供することで、コンテナの利用が広く普及しました。ターミナルからdockerコマンドを使用して、コンテナやコンテナイメージを操作します。

dockerコマンドは、DockerのメインコンポーネントであるデーモンへのAPIコールを行います。デーモンには、コンテナを実行したいときに呼び出されるcontainerdと呼ばれるコンポーネントが含まれています。containerdコンポーネントは実行したいコンテナイメージが存在することを確認し、次にruncコンポーネントを呼び出して実際にコンテナをインスタンス化する処理を行います。

containerdやruncを直接呼び出して、自分でコンテナを実行することも可能です。containerdプロジェクトは、2017年にDocker社からCloud Native Computing Foundation❻（CNCF）に寄贈されました。

Kubernetesは、Container Runtime Interface（CRI）と呼ばれるインタフェースを使用しており、ユーザーはCRIに準拠した好みのコンテナランタイムを選択できます。現在最もよく使われているのは、前述のcontainerd❼とCRI-O❽（CNCFに寄贈される前のRed Hatが開発元）です。

docker CLIは、コンテナやコンテナイメージを管理するための方法の1つにすぎません。本書で取り扱うアプリケーションコンテナを実行するには、他に

---

❹ https://www.virtualbox.org/
❺ https://www.vagrantup.com/
❻ https://www.cncf.io/
❼ https://containerd.io/
❽ https://cri-o.io/

もいくつかの方法があります。その1つであるRed HatのPodmanツールは、デーモンコンポーネントへの依存を取り除くために考案されたものです。

本書の例では、さまざまな異なるコンテナツールを使用し、多くの共通機能を持つ複数のコンテナ実装があることを説明しています。

表記上のルール

本書では、次のような表記規則を用いています。

- **太字** …… キーワードや強調を表します。
- **グレーの太字** …… インターネットなどへのハイパーリンクがあることを表します。
- **等幅**（`Constant width`）…… プログラムのコード、コマンド、変数名、関数名、データ型など、プログラムの要素、ファイル名、オブジェクト名、コマンドからの出力、URLなどを参照するときに使用します。
- **等幅の太字**（**`Constant width bold`**）…… ユーザーが入力するコマンドやテキストを表します。コードを強調する場合にも使われます。
- **等幅のイタリック**（*`Constant width italic`*）…… ユーザーの環境などに応じて置き換えなければならない文字列を表します。

興味深い事柄に関する補足を表します。

監訳者による最新情報や技術的な事柄に関する補足を表します。

謝辞

本書を執筆する過程では多くの人に助けられ、支えられました。皆さまに感謝いたします。

オライリー社の編集者、Virginia Wilsonは、滞りなく編集を進めてくださり、本書の完成度を高めてくれました。

技術レビューでは、次の方々に丁寧なコメントと実用的なフィードバックをいただきました。Akhil Behl、Alex Pollitt、Andrew Martin、Erik St.Martin、

Phil Estes、Rani Osnat、Robert P. J. Day。

Aqua Security社の同僚には、コンテナセキュリティについて、長年にわたり多くのことを教わりました。

Phil Pearlは私の夫であり、最高の評論家やコーチであり、そして親友です。

Contents

目次

Chapter

1

コンテナセキュリティの脅威

ここ数年で、コンテナが爆発的に使われるようになっています。コンテナという概念はDockerが登場する数年前から存在していましたが、2013年のDockerの発表以後、開発者コミュニティの間でコンテナが普及し始めたのは、Dockerのコマンドラインツールが使いやすかったためというのが大方の見解です。

コンテナはさまざまな場面で役に立ちます。Dockerのキャッチフレーズにあるように、コンテナは「一度構築すれば、どこでも実行できる」のです。これを実現するためにコンテナは、アプリケーションとその依存関係をすべてまとめ、アプリケーションが動作しているマシンから分離します。コンテナ化されたアプリケーションは必要なものをすべて備えており、コンテナイメージとして簡単にパッケージ化でき、ノートPCでもデータセンターのサーバーでも、同じように実行できます。

コンテナを分離する副次的な効果として、複数の異なるコンテナを並行して実行しても、互いに干渉しないことが挙げられます。コンテナを導入する前は、2つのアプリケーションが同じパッケージの異なるバージョンを必要とすることで、依存関係の問題が深刻化することがよくありました。この問題に対する最も簡単な解決策は、アプリケーションを別々のマシンで実行することでした。しかしコンテナを使えば、依存関係が互いに分離されているため、複数のアプリケーションを同じサーバーで実行できます。コンテナ化を利用すれば、仮想マシンでもベアメタルサーバーでも、同じホスト上で依存関係を気にせずに複数のアプリケーションを実行できることがわかりました。

次のステップは、コンテナ化されたアプリケーションをサーバーのクラスタに分散させることです。Kubernetesのようなオーケストレータは、このプロセスを自動化し、特定のマシンにアプリケーションを手動でインストールする必要がなくなります。オーケストレータに実行したいコンテナを指示すると、それぞれのコンテナに適した場所を探してくれるのです。

セキュリティ面に関して言うと、コンテナ化された環境でも、従来のデプロイメントと同じように多くの脅威が存在します。データを盗んだり、システムの動作を変更したり、他人の計算資源を使って自分の暗号資産をマイニングしようとする攻撃者は世界中に存在するのです。これはコンテナを使っても変わりません。しかし、コンテナはアプリケーションの実行方法に多くの変更をもたらし、その結果、別のリスクが生じています。

1.1 リスク、脅威、緩和策

リスクとは潜在的な問題と、それが発生した場合の影響のことを指します。

脅威とは、そのリスクが発生する可能性を指します。

緩和策とは、脅威に対する対策を指します。つまり、脅威を防いだり、少なくとも脅威が顕在化する可能性を減らすためにできることです。

たとえば、誰かがあなたの家から車のキーを盗んで、あなたの車で走り去るというリスクがあります。窓を割って中に入って鍵を盗む、釣り竿を使って郵便受けから鍵を盗む、ドアをノックして注意をそらし、共犯者が素早く中に入って鍵を奪うなど、さまざまな方法で鍵を盗む可能性があります。これらの脅威への対策としては、車のキーを目につかないところに保管しておくことが挙げられるでしょう。

リスクは組織によって大きく異なります。銀行が顧客のためにお金を預かる場合、最大のリスクは顧客の預金が盗まれることなのはほぼ間違いありません。eコマース企業であれば、不正取引のリスクを心配するでしょう。個人でブログサイトを運営している場合は、不正侵入や不適切なコメントの投稿を恐れるかもしれません。多くの国では風評被害で済みますが、ヨーロッパでは一般データ保護規則（General Data Protection Regulation：GDPR）により、企業の総収入の最大4パーセントの罰金[1]が科せられる可能性があります。

それぞれのリスクは種類が異なり、脅威の相対的重要度も変わるため、組織に合わせた適切な緩和策が必要になります。リスクマネジメントフレームワークはリスクを体系的に考え、起こりうる脅威を列挙し、その重要性に優先順位をつけ、緩和策を定義するためのプロセスです。

脅威モデリングとは、システムに対する潜在的な脅威を特定し、列挙するプロセスです。脅威モデルはシステムの構成要素および予想される攻撃の種類を体系的に調べ、攻撃に対してシステムのどの部分が最も脆弱なのかを特定しま

---

[1] https://www.csoonline.com/article/3410278/the-biggest-data-breach-fines-penalties-and-settlements-so-far.html

す。

脅威はリスクや環境、組織、実行中のアプリケーションに依存するため、包括的な脅威モデルは存在しませんが、ほとんどのコンテナデプロイメントに共通する潜在的な脅威をいくつか挙げることは可能です。

1.2 コンテナ脅威モデル

脅威モデルを構築するときに行うのは、関係するアクターの洗い出しです。関係するアクターには以下のものが含まれます。

- **外部攻撃者** …… 外部から環境にアクセスしようとしてくる攻撃者
- **内部攻撃者** …… 環境の一部にアクセスすることに成功した攻撃者
- **内部関係者** …… 環境にアクセスするためのある程度の権限を持つ開発者や管理者などの悪意のある者
- **不注意な関係者** …… 不注意などで問題を引き起こす可能性のある社内の関係者
- **アプリケーションプロセス** …… 意図的にシステムを危険にさらすことはないが、システムに対してプログラムを介してアクセスする可能性がある

それぞれのアクターは、考慮すべき特定の権限を持っています。

- 資格情報によって、どのようなアクセス権を持っているか？ たとえば、デプロイメントが実行されているホストマシン上のユーザーアカウントにアクセスできるか？
- システム上でどのような権限を持っているか？ Kubernetesでは、匿名ユーザーを含む、各ユーザーのロールベースのアクセス制御設定を指す
- どのようなネットワークアクセス手段および経路があるか？ たとえば、Virtual Private Cloud（VPC）内のどの部分に含まれるのか？

コンテナを攻撃する経路はいくつか考えられますが、それらをマッピングする方法の1つとして、コンテナのライフサイクルの各段階における潜在的な攻撃ベクトルの検討が挙げられます。主な攻撃経路を**図1-1**にまとめました。

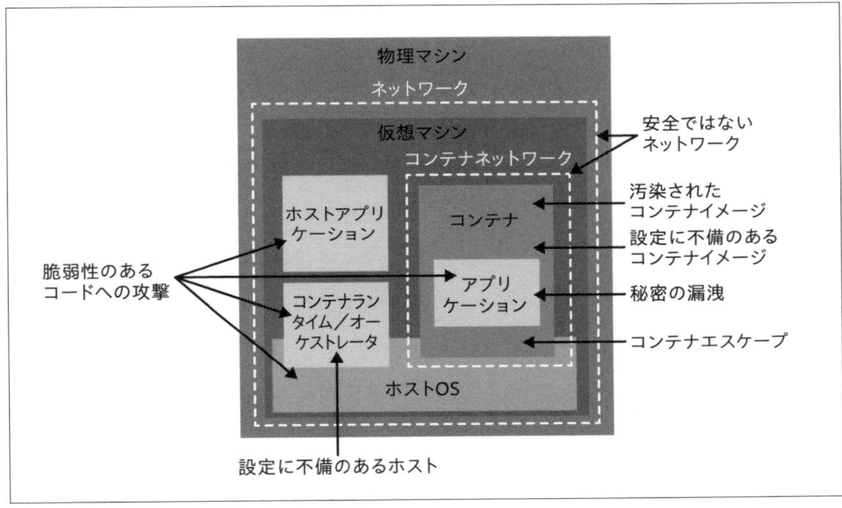

図1-1　コンテナへの攻撃経路

脆弱なアプリケーション

ライフサイクルは、開発者が書いたアプリケーションコードから始まります。アプリケーションコードと、それに依存するサードパーティのコードの依存関係には、脆弱性として知られる欠陥が含まれることがあります。アプリケーションに脆弱性が存在する場合、攻撃者が悪用できる脆弱性は何千件も公表されています。既知の脆弱性を持つコンテナの実行を回避する最善の方法は、第7章で説明するように、イメージをスキャンすることです。既存のコードにも新しい脆弱性が常に発見されているため、スキャンは一度だけ行えばいいというものではありません。スキャンプロセスでは、セキュリティパッチの更新が必要な古いパッケージでコンテナが実行されているのも特定する必要があります。スキャナの中には、イメージに組み込まれたマルウェアを特定できるものもあります。

コンテナイメージの設定不備

記述されたコードはコンテナイメージに組み込まれます。コンテナイメージを設定する際には、実行中のコンテナを攻撃するために使用できる弱点を埋め込む機会が多数あります。たとえば、コンテナをrootユーザーとして実行するように設定することで、ホスト上で必要以上の権限がコンテナに付与されてしまいます。詳細については第6章で説明します。

ビルドマシン攻撃

攻撃者がコンテナイメージの構築方法を変更したり影響を与えることができれば、悪意のあるコードが挿入され、本番環境で実行される可能性があります。また、ビルド環境にその手がかりとなるものを見つけると、本番環境への侵入への手段となる可能性もあります。これについては、第6章でも触れています。

サプライチェーン攻撃

コンテナイメージが構築されると、レジストリに格納され、実行されるときにレジストリから取得します。しかしそのとき取得したイメージが、以前pushしたものとまったく同じだとどうしてわかるのでしょうか。改ざんされている可能性はないのでしょうか。ビルドとデプロイの間でイメージを置き換えたり、イメージを変更したりできるということは、デプロイ上で任意のコードを実行できるということです。これについては第6章で扱います。

コンテナの設定不備

コンテナに不要な権限あるいは想定外の権限を与えてコンテナを実行することは可能です。インターネットから設定ファイルをダウンロードした場合、安全でない設定が含まれていないことを確認してください。これについては第9章で説明します。

脆弱なホスト

コンテナはホストマシン上で動作するため、ホストマシンで脆弱なコード（たとえば、既知の脆弱性を持つ古いバージョンのオーケストレーションコンポーネント）が実行されていないことを確認する必要があります。また、セキュリティのベストプラクティスに従って、ホストを正しく設定する必要があります。これについては第4章で説明します。

公開されたシークレット

アプリケーションコードは、システム内の他のコンポーネントと通信するために、認証情報やトークン、パスワードを必要とすることが多々あります。コンテナ化されたデプロイメントでは、これらのシークレットの値をコンテナ化されたコードに渡すことができるようにする必要があります。第12章で説明するように、これにはさまざまなアプローチがあり、セキュリティのレベルもさまざまです。

安全でないネットワーキング

コンテナは一般的に、他のコンテナや別のホストあるいはシステムと通信する必要があります。第10章では、コンテナにおけるネットワークの仕組みについて、第11章では、コンポーネント間でセキュアな接続をする方法について説明します。

コンテナエスケープの脆弱性

コンテナランタイムとして広く使われているcontainerdやCRI-Oは、現在ではかなり実用化されています。しかし、コンテナ内に潜む悪意のあるコードによって、ホスト上に「エスケープ（脱出）」するバグがまだ見つかっていない可能性は依然として残っています。その一例として「Runcescape」❷と呼ばれる問題が2019年になって明るみに出ました。アプリケーションコードをコンテナ内に保持するための分離の仕組みについては第4章で説明します。アプリケーションによっては、エスケープの結果により損害を与える可能性があるため、第8章で取り上げるような、より強力な分離の仕組みを検討する価値があります。

また、本書の範囲外である攻撃ベクトルも存在します。

- 通常、ソースコードはリポジトリに保管されており、アプリケーションを侵害するために攻撃される可能性が考えられます。このため、リポジトリへのユーザーのアクセスを適切に制御する必要があります。
- ホストはネットワークで接続され、多くの場合セキュリティのためにVPCを使用してインターネットに接続します。従来のデプロイメントと同様に、

❷ https://thenewstack.io/what-you-need-to-know-about-the-runc-container-escape-vulnerability/

ホストマシン（または仮想マシン）を脅威アクターによるアクセスから保護する必要があります。安全なネットワーク構成、ファイアウォール、アイデンティティとアクセス管理は、すべて従来のデプロイメントと同様に、クラウドネイティブのデプロイメントにも適用されます。

- コンテナは通常、オーケストレータの下で実行されます。今日のデプロイメントではKubernetesが一般的ですが、Docker SwarmやHashicorp Nomadなどの選択肢もあります。オーケストレータが安全に設定されていない場合、あるいは管理者アクセスが効果的に制御されていない場合、攻撃者がデプロイメントに影響を与える新たなベクトルを与えることになります。

Memo

Kubernetesのデプロイメントにおける脅威モデルについては、CNCFの依頼で作成された文書「Kubernetes Threat Model」●1を読むとよいでしょう。
また、CNCFのFinancial User Groupは「STRIDE」●2の手法で作成した「Kubernetes Attack Tree」●3を公開しています。

●1 https://github.com/kubernetes/community/tree/master/archive/wg-security-audit

●2 https://en.wikipedia.org/wiki/STRIDE_(security)

●3 https://github.com/cncf/financial-user-group/tree/main/projects/k8s-threat-model

1.3 セキュリティ境界

セキュリティ境界（「信頼境界」と呼ばれることもあります）は、システムのリソース間に存在し、リソース間を移動するには異なるパーミッションが必要になります。たとえばLinuxシステム上では、システム管理者は、ユーザーが所属するグループを変更することで、どのファイルにアクセスできるかを定義するセキュリティ境界を変更できます。Linuxのファイルパーミッションに慣れていない方は第2章を確認してください。

コンテナはセキュリティ境界です。アプリケーションコードはそのコンテナ内で実行され、明示的に許可された場合（たとえば、コンテナにマウントされたボリュームなど）を除いて、コンテナ外のコードやデータにアクセスできないようになっています。

攻撃者とターゲット（たとえば顧客データ）の間にセキュリティ境界があればあるほど、攻撃者はターゲットに到達するのが難しくなります。

先ほど1.2節「コンテナ脅威モデル」で説明した攻撃ベクトルは、連鎖的に複数のセキュリティ境界を突破することが可能です。たとえば、以下のようなものです。

- 攻撃者は、アプリケーションの依存性の脆弱性を利用して、コンテナ内でリモートコード実行できる可能性があります。
- 侵入されたコンテナは、価値のあるデータに直接アクセスできないとします。攻撃者は、別のコンテナやホストなど、コンテナから移動する方法を見つける必要があります。コンテナエスケープの脆弱性は、コンテナから外に出るための1つのルートとなり、安全でないコンテナ設定は別の経路を提供する可能性があります。攻撃者は、これらの経路のいずれかが利用可能であることを発見した場合、ホストにアクセスできてしまいます。
- 次のステップは、ホスト上でroot権限を取得する方法を探すことです。第4章で説明しますが、アプリケーションコードがコンテナ内でrootとして実行されている場合、このステップは些細なことかもしれません。
- ホストマシンのroot権限があれば、攻撃者はホストやそのホスト上で動作しているコンテナが到達できるあらゆるものにアクセスできるようになります。

デプロイメント内にセキュリティ境界を追加および強化することにより、攻撃者の活動をより困難にすることができます。

脅威モデルの重要な側面として、アプリケーションが動作している環境内から、攻撃の可能性を考慮することが挙げられます。クラウド環境では、一部のリソースを他のユーザーやそのアプリケーションと共有する場合があります。

マシンリソースの共有は「マルチテナント」と呼ばれ、脅威モデルに大きな影響を及ぼします。

1.4 マルチテナント

マルチテナント環境では、異なるユーザー（**テナント**）が、共有ハードウェア上でワークロードを実行します（ソフトウェアアプリケーションの文脈で「マルチテナント」という言葉を目にすることがあるかもしれません。これは複数のユーザーが同じソフトウェアインスタンスを共有することを指しますが、ここではハードウェアのみ共有しています）。これらの異なるワークロードを誰が所有し、異なるテナントがどの程度お互いを信頼しているかによって、互いに干渉しないようにより強力な境界が必要になる場合があります。

マルチテナントは、1960年代のメインフレーム時代からある概念で、顧客は共有マシン上でCPU時間、メモリ、ストレージをレンタルしていました。これは、Amazon Web Services（AWS）、Microsoft Azure、Google Cloudといった今日のパブリッククラウドとあまり変わらないもので、顧客はCPU時間、メモリ、ストレージを、その他の機能やマネージドサービスとともにレンタルします。2006年にAWSがAmazon EC2（Elastic Compute Cloud）を開始して以来、私たちは世界中のデータセンターのサーバーラックで動作する仮想マシンインスタンスを借りることができるようになりました。物理マシン上で多数の仮想マシン（Virtual Machine：VM）が稼働していることがあります。その場合、VMを操作するクラウド利用者の目には、自分の隣のVMを誰が操作しているかはわかりません。

共有マシン

1台のLinuxマシン（または仮想マシン）を多くのユーザーで共有することがあります。これは大学などではよくあることで、本当の意味でのマルチテナントの良い例です。ユーザーはお互いを信用していませんし、正直なところシステム管理者もユーザーを信用していません。このような環境では、Linuxのアクセスコントロールを使って、ユーザーのアクセスを厳しく制限することになります。各ユーザーは自分のログインIDを持っていて、Linuxのアクセス制御を利用して、自分のディレクトリのファイルしか変更できないようにアクセスを制限したりしています。もし、大学生がクラスメートのファイルを読んだり、あるいは変更したりすることができたら、どんな混乱が起こるか想像できますか？

第4章で説明するように、同じホスト上で動作するすべてのコンテナは、同じカーネルを共有しています 監注1 。マシンがDockerデーモンを実行している場合、dockerコマンドを発行できるユーザーは事実上rootアクセスを持つことになる 監注2 ので、システム管理者は信頼できないユーザーにそのような権限を付与したくないでしょう。

企業の場合、特にクラウドネイティブ環境では、このような共有マシンを目にすることはあまりないでしょう。その代わり、ユーザー（または互いに信頼し合っているユーザーのチーム）は通常、仮想マシンの形で割り当てられた自分のリソースを使用します。

仮想化

仮想マシンは互いにかなり強く隔離されていると考えられています。つまり、隣の人があなたの仮想マシンの活動を観察したり干渉したりする可能性が低いということです。この隔離がどのように行われるかについては第5章で詳しく説明します。一般的な定義❸では、仮想化はマルチテナントとはみなされません。マルチテナントとは、異なるグループの人々が同じソフトウェアの単一のインスタンスを共有することであり、仮想化では、ユーザーは仮想マシンを管理するハイパーバイザにアクセスできないため、いかなるソフトウェアも共有しないのです。

監注1 gVisorやKata Containersなど、カーネルを共有しないコンテナランタイムもあります（第8章を参照）。

監注2 dockerデーモンを非rootで実行することで、これを回避することもできます。
https://docs.docker.com/engine/security/rootless/

❸ https://en.wikipedia.org/wiki/Multitenancy

仮想マシン間の隔離が完璧であるとは言い難く、歴史的にユーザーは、物理マシンを他のユーザーと共有しているという事実が、パフォーマンスに予期せぬ差異をもたらす「ノイジーネイバー」問題について不満を抱いています。Netflixはパブリッククラウドをいち早く採用し、2010年のブログ記事「Co-tenancy is hard」[4]の中で、サブタスクの動作が遅いことが判明した場合は意図的に放棄するシステムを構築したことを認めています。さらに最近では、ノイジーネイバー問題は現実的な問題ではないと主張する人[5]もいます。

また、仮想マシン間の境界を侵すようなソフトウェアの脆弱性が発見された事例もあります。

アプリケーションや一部の組織（特に政府機関、金融機関、医療機関）では、セキュリティ侵害の影響が深刻であるため、物理的に完全に分離する必要があります。自社のデータセンターで稼働していたり、サービスプロバイダーが代理で管理しているプライベートクラウドを運用することで、ワークロードの完全な分離を実現できます。プライベートクラウドには、データセンターにアクセスする人員のバックグラウンドチェックを追加するなど、セキュリティ機能が追加されている場合もあります。

多くのクラウドプロバイダーは、物理マシン上で唯一の利用者であることを保証するVMオプションを提供しています。また、クラウドプロバイダーが運用するベアメタルマシンをレンタルすることもできます。これらのシナリオではノイジーネイバー問題は完全に回避され、物理マシン間のセキュリティ分離がより強固になるという利点もあります。

クラウドの物理マシンや仮想マシンを借りている場合でも、自社サーバーを使用している場合でも、コンテナを実行する場合は、複数のユーザーグループ間のセキュリティの境界を考慮する必要があるかもしれません。

コンテナのマルチテナント

第4章で説明するように、コンテナ間の分離はVM間の分離ほど強力ではありません。リスクプロファイルにもよりますが、信頼できない相手と同じマシ

---

[4] https://netflixtechblog.com/5-lessons-weve-learned-using-aws-1f2a28588e4c

[5] https://www.infoworld.com/article/3073503/debunking-the-clouds-noisy-neighbor-myth.html

ンでコンテナを使いたいとは考えにくいでしょう。

マシン上で動作するすべてのコンテナが、あなた自身またはあなたが絶対的に信頼している人によって実行されている場合でも、コンテナ同士が干渉しないようにすることで、人間の誤りを軽減したいと思うかもしれません。

Kubernetesでは、**Namespace**を利用してマシンのクラスタを細分化し、異なる個人、チーム、またはアプリケーションで使用できるようにすることができます。

Memo

「namespace」という用語は多義です。KubernetesのNamespaceは、異なるKubernetesアクセス制御を適用できるクラスタリソースを細分化する高レイヤーの抽象化を指します。Linuxのnamespaceは、プロセスが認識するマシンリソースを分離するための低レイヤーの仕組みです。Linuxのnamespaceについては、第4章で詳しく学びます。

これらの異なるKubernetes Namespaceにアクセスできる人やコンポーネントを制限するには、ロールベースのアクセス制御（Role-Based Access Control：RBAC）を使用します。この方法の詳細は本書の範囲外ですが、Kubernetes RBACはKubernetes APIを通じて実行できるアクションのみを制御します。Kubernetes Pod内のコンテナがたまたま同じホスト上で動作していたとしても、本書で説明しているように、たとえ異なるKubernetes Namespaceであったとしてもコンテナの分離によってのみ互いに保護されます。攻撃者がコンテナからホストにエスケープできれば、他のコンテナへの影響に対してKubernetes Namespaceによる境界は意味をなしません。

コンテナインスタンス

Amazon AWS、Microsoft Azure、Google Cloudなどのクラウドサービスでは、ソフトウェアやストレージなどのコンポーネントをインストールや管理することなくレンタルできる**マネージドサービス**が多数提供されています。その典型的な例が、AmazonのRDS（Relational Database Service）です。RDSでは、PostgreSQLのような有名なソフトウェアを使用したデータベースを簡単にプロビジョニングでき、データのバックアップもチェックボックスにチェックを入れるだけで簡単に行えます（もちろん、課金は必要です）。

マネージドサービスはコンテナの世界にも広がっています。Azure Container InstancesやAWS Fargateは、コンテナの実行基盤となるマシン（または仮想マシン）を意識することなくコンテナを実行できるサービスです。

これにより、利用者は大きな管理負担から解放され、デプロイメントを簡単かつ自在に拡張することができます。ただし、少なくとも理論上は、利用者のコンテナインスタンスが他の利用者と同じ仮想マシンで稼働する可能性があります。疑問がある場合は、クラウドプロバイダーに確認してください。

これで、あなたのデプロイメントに対する潜在的な脅威をかなり認識できるようになりました。本書の残りの部分に入る前に、どのようなセキュリティツールやプロセスを導入する必要があるかを評価する際の考え方の指針となる、セキュリティの基本原則をいくつか紹介します。

1.5 セキュリティの原則

これらは、あなたが安全を確保しようとしているものの詳細にかかわらず、賢明なアプローチであると通常考えられている一般的なガイドラインです。

最小権限

最小権限の原則とは、ある人またはコンポーネントが処理を実行するために必要な最小限のアクセスに制限するべきだというものです。たとえば、eコマースアプリケーションで商品検索を行うマイクロサービスがある場合、最小権限の原則は、マイクロサービスが商品データベースへの読み取り専用アクセスを与える資格情報のみを持つべきことを示唆しています。ユーザーや支払い情報などにアクセスする必要はありませんし、商品情報を書き込む必要もありません。

多層防御

本書で説明するように、デプロイメントとその中で実行されるアプリケーションのセキュリティを向上させるさまざまな方法があります。多層防御の原則では、何重もの保護を適用する必要があります。攻撃者がある防御を突破できた場合、別のレイヤー（層）でデプロイメントへの危害やデータの流出を防がなければなりません。

攻撃対象領域の縮小

一般的に、システムが複雑になればなるほど、攻撃する方法が増える可能性が高くなります。複雑さを解消することで、システムを攻撃しにくくすることができます。対策としては、以下のようなものがあります。

- 可能な限りインタフェースを小さくシンプルにし、アクセスポイントを減らす
- サービスにアクセスできるユーザーとコンポーネントを制限する
- コードの量を最小限にする

影響範囲の制限

セキュリティ制御をより小さなサブコンポーネントまたは「セル」に分割するというコンセプトは、最悪の事態が発生した場合でも、その影響が限定的であることを意味します。コンテナはこの原則に適しています。アーキテクチャをマイクロサービスの多数のインスタンスに分割することで、コンテナ自体がセキュリティ境界として機能するからです。

職務分掌

最小権限と影響範囲の制限の両方に関連しているのが「職務分掌」という考え方です。職務分掌では、異なるコンポーネントや人々に対して、可能な限り、システム全体の中で必要とされる最小限の権限のみを与えるようにします。このアプローチでは、特定の処理に対して、複数のユーザー権限を必要とすることで、単一の特権ユーザーが与えうる影響を小さくします。

コンテナでセキュリティ原則を適用する

以下で説明するように、コンテナにおいても、前述のすべてのセキュリティ原則を適用できます。

最小権限

異なるコンテナには異なる権限セットを与え、それぞれがその機能を果たすために必要な最小限の権限セットに減らせます。

多層防御

コンテナは、セキュリティ保護を実施するために追加のセキュリティ機構を提供します。

攻撃対象領域の縮小

モノリスをシンプルなマイクロサービスに分割することで、サービス間のインタフェースがすっきりします。慎重に設計すれば、複雑さが軽減され、結果として攻撃対象領域を限定できるかもしれません。ただし、コンテナを運用するために複雑なオーケストレータを追加すると、別の攻撃対象が発生する可能性が増します。

影響範囲の制限

コンテナ化されたアプリケーションが侵害された場合、namespaceやcapabilityなどのセキュリティ機能によってコンテナ内の攻撃を抑制し、システムの他の部分に影響を与えないようにできます。

職務分掌

権限や認証情報は、それらを必要とするコンテナにのみ渡すことができるため、1つのシークレットが漏洩しても、必ずしもすべてのシークレットが危険にさらされるわけではありません。

これらの利点は良いものに感じますが、机上の理論にすぎません。実際には、システム構成の不備、コンテナイメージの不健全性、あるいはセキュアでないプラクティスによって、これらの利点が簡単に打ち消されてしまう可能性があるのです。本書を読み終わる頃には、コンテナ化されたデプロイメントに現れるセキュリティの落とし穴を回避し、その利点を活用するための十分な準備ができていることでしょう。

1.6 まとめ

これで、コンテナベースのデプロイメントに影響を与える可能性のある攻撃の種類を大まかに理解し、これらの攻撃から防御するために適用できるセキュリティ原則を知ることができました。本書の残りの部分では、コンテナを支える仕組みについて掘り下げ、セキュリティツールやベストプラクティスのプロセスがどのように組み合わされてセキュリティ原則を実装するのかを解説していきます。

Chapter

2

Linux システムコール、パーミッション、capability

通常、コンテナはLinux OSを実行しているコンピュータ内で実行されます。Linuxの基本的な機能について理解できれば、それらがセキュリティにどのように影響し、特にコンテナにどのように適用されるかわかるようになります。ここでは、システムコール、ファイルパーミッション、およびcapability（ケーパビリティ）について述べ、最後に権限昇格について説明します。これらの概念について理解している場合は、次章に進んでください。

コンテナは、**ホストから見えるLinuxプロセスを実行する**ので、これらの概念は非常に重要です。コンテナ化されたプロセスは、通常のプロセスと同じようにシステムコールを使用し、パーミッションと特権を必要とします。コンテナでは、実行時やコンテナイメージのビルドプロセスでパーミッションをどのように割り当てるかを制御する新しい方法がいくつか提供されており、これがセキュリティに大きな影響を与えることになります。

2.1 システムコール

アプリケーションは**ユーザー空間**で実行され、OSのカーネルよりも低レベルの特権を持っています。そのため、アプリケーションは、ファイルにアクセスしたり、ネットワークで通信したり、時刻を調べたりしたい場合、カーネルに依頼しなければなりません。ユーザー空間で実行されるコードがカーネルにこれらの要求をするために使用するプログラムインタフェースは、**システムコール**または**syscall**として知られています。

システムコールは約300種類以上あり、Linuxカーネルのバージョンによってその数は異なります。たとえば、以下のようなものがあります。

- **read** …… ファイルからデータを読み込む
- **write** …… ファイルにデータを書き出す
- **open** …… 読み書きのためにファイルを開く
- **execve** …… プログラムを実行する

- **chown** …… ファイルの所有者を変更する
- **clone** …… 新規プロセスを作成する

アプリケーション開発者がシステムコールを直接気にする必要はほとんどありません。システムコールは通常、高度なプログラミング抽象化によってラップされているからです。アプリケーション開発者として最も低レイヤーの抽象化は、`glibc`ライブラリやGo言語の`syscall`パッケージでしょう。実際には、これらもより高い抽象化レイヤーにラップされているのが普通です。

システムコールについて詳しく知りたい方は、オライリーの学習用プラットフォームで公開されている筆者の講演「A Beginner's Guide to Syscalls」●をご覧ください。

- `https://www.oreilly.com/videos/oscon-2017/9781491976227/9781491976227-video306637/`

アプリケーションコードは、コンテナで実行されているかどうかにかかわらず、まったく同じ方法でシステムコールを使用します。しかし、本書の後半で説明するように、1つのホスト上のすべてのコンテナが同じカーネルを共有している（つまり、同じカーネルに対してシステムコールを行っている）という事実には、セキュリティ上の意味があるのです。

すべてのアプリケーションがすべてのシステムコールを必要とするわけではないので、最小権限の原則に従うことにします。Linuxのセキュリティ機能には、さまざまなプログラムがアクセスするシステムコール群をユーザーが制限することができるものがあります。第8章では、これらの機能をコンテナに適用する方法について説明します。

ユーザー空間とカーネルレベルの権限については、第5章で改めて説明することにします。今は、Linuxがどのようにファイルのパーミッションを制御しているかという問題に目を向けてみましょう。

2.2 ファイルパーミッション

コンテナを実行しているかどうかにかかわらず、どのようなLinuxシステムでも、ファイルパーミッションはセキュリティの基盤となります。Linuxの世界では「すべてがファイルである」[1]という有名な表現があります。アプリのコード、データ、設定情報、ログなど、すべてファイルに格納されています。画面やプリンタなどの物理的なデバイスもファイルとして表現されます。パーミッションは、ファイルへのアクセスを許可されるユーザーと、そのユーザーがファイルに対して実行できるアクションを決定します。これらは**任意アクセス制御**（Discretionary Access Control：**DAC**）と呼ばれることもあります。

これについて、もう少し詳しく見ていきましょう。

Linuxターミナルの操作において、ファイルとその属性に関する情報を取得するために`ls -l`コマンドを実行したことがあると思います。

図2-1　Linuxのファイルパーミッションの例

図2-1の例では、`liz`というユーザーが所有し、`staff`というグループに関連付けられている`myapp`という名前のファイルを見ることができます。パーミッションの属性は、ユーザーのIDに応じて、このファイルに対してどのようなアクションを実行できるかを教えてくれます。この出力には、パーミッション属性を表す9つの文字がありますが、これらは3文字ずつ3つのグループで考える必要があります。

[1] https://en.wikipedia.org/wiki/Everything_is_a_file

- 最初の3文字のグループは、そのファイルを所有するユーザー（この例ではliz）に対する権限を示しています。
- 2つ目のグループは、ファイルのグループ（ここではstaff）のメンバーに対する権限を示しています。
- 最後のセットは、他のユーザー（lizやstaffのメンバーではない）に対する権限を示しています。

このファイルに対してユーザーが行える操作は、r、w、xのビットがセットされているかどうかによって、読み取り、書き込み、実行の3種類に分けられます。各グループの3文字はビットのオン／オフを表し、どの動作が許可されているかを示しています。

この例では所有者権限を表す最初のグループにのみwビットが設定されているため、ファイルの所有者のみが書き込みを行うことができます。所有者は、グループstaffのすべてのメンバーと同様にファイルを実行することができます。rビットは3つのグループすべてでセットされているので、どのユーザーもファイルを読むことができます。

Memo

Linuxのパーミッションについて詳しく知りたい方は、Linux.comの記事「Understanding Linux file permissions」●を参照してください。

- https://www.linux.com/news/understanding-linux-file-permissions/

r、w、xビットについてはご存じの方も多いと思いますが、これで終わりというわけではありません。パーミッションは**setuid**、**setgid**、**スティッキービット**の使用によって影響を受ける可能性があります。最初の2つはセキュリティの観点から重要です。プロセスに対して追加のパーミッションを取得させることができ、攻撃者が悪意のある目的に使用する可能性があるからです。

setuidとsetgid

通常、ファイルの実行によって起動するプロセスはユーザーID（UID）を継承します。ファイルにsetuidビットが設定されている場合、プロセスはそのファイルの所有者のユーザーIDを持つことになります。次の実行例では、非rootユーザーが所有するsleep実行ファイルのコピーを使用しています。

```
vagrant@vagrant:~$ ls -l `which sleep`
-rwxr-xr-x 1 root root 35000 Jan 18  2018 /bin/sleep
vagrant@vagrant:~$ cp /bin/sleep ./mysleep
vagrant@vagrant:~$ ls -l mysleep
-rwxr-xr-x 1 vagrant vagrant 35000 Oct 17 08:49 mysleep
```

このlsコマンドの実行結果は、そのコピーがvagrantというユーザーによって所有されていることを示しています。root権限での操作のためsudo ./mysleep 100を実行し、別のターミナルで実行中のプロセスを見てみましょう。ここでは実行プロセスの確認のため、プロセス終了までに100秒間スリープさせています（わかりやすくするために、実行結果からいくつかの行を削除してあります）。

```
vagrant@vagrant:~$ ps ajf
 PPID   PID  PGID   SID TTY     TPGID STAT   UID  TIME COMMAND
 1315  1316  1316  1316 pts/0    1502 Ss    1000  0:00 -bash
 1316  1502  1502  1316 pts/0    1502 S+       0  0:00  \_ sudo ./mysleep 100
 1502  1503  1502  1316 pts/0    1502 S+       0  0:00      \_ ./mysleep 100
```

UIDが0であることから、sudoプロセスとmysleepプロセスの両方がrootのUIDで実行されていることがわかります。では、setuidビットをオンにしてみましょう。

```
vagrant@vagrant:~$ chmod +s mysleep
vagrant@vagrant:~$ ls -l mysleep
-rwsr-sr-x 1 vagrant vagrant 35000 Oct 17 08:49 mysleep
```

sudo ./mysleep 100をもう一度実行し、実行中のプロセスを確認します。

```
vagrant@vagrant:~$ ps ajf
PPID   PID  PGID   SID TTY     TPGID STAT   UID  TIME COMMAND
1315  1316  1316  1316 pts/0    1507 Ss    1000  0:00 -bash
1316  1507  1507  1316 pts/0    1507 S+       0  0:00  \_ sudo ./mysleep 100
1507  1508  1507  1316 pts/0    1507 S+    1000  0:00      \_ ./mysleep 100
```

sudoプロセスはまだrootとして実行されていますが、今回はmysleepがファイルの所有者からユーザーIDを取得しました。

このビットは通常、プログラムに必要で一般ユーザーには拡張されていない特権を与えるために使用されます。典型的な例として、ping実行ファイルがpingメッセージを送信するために、RAWソケットを開く権限を必要とすることが挙げられます（この権限を与えるために使用される仕組みがcapabilityであり、次の2.3節「capability」で説明します）。ユーザーがpingを実行することを管理者が許可したとしても、他の目的のためにユーザーが自由にRAWソケットを開くことを許可するわけではありません。ユーザーに権限を与える代わりに、ping実行ファイルにsetuidビットを設定し、rootユーザーが所有する状態でインストールする方法を取ることがあります。これは、pingがrootユーザーに関連する特権を使用できるようにするためです。

いま「rootユーザーに関連する特権を使用」と書きましたが、本節の後半で説明するように、実際にはpingがrootでの実行を避けるためにある工夫が施されています。その前に、setuidがどのように動作しているかを見てみましょう。

非rootユーザーでpingのコピーを取り、pingを実行するために必要なパーミッションを検証してみます。到達可能なアドレスにpingを実行しているかどうかは、実際には問題ではありません。ポイントは、pingがRAWソケットを開くのに十分なパーミッションを持っているかどうかを見ることです。まずはpingを正常に実行できることを確認してください。

```
vagrant@vagrant:~$ ping 10.0.0.1
PING 10.0.0.1 (10.0.0.1) 56(84) bytes of data.
^C
--- 10.0.0.1 ping statistics ---
2 packets transmitted, 0 received, 100% packet loss, time 1017ms
```

非rootユーザーでpingを実行できることを確認したら、cpコマンドでpingのコピーを作り、それも実行可能かどうか確認してください。

```
vagrant@vagrant:~$ ls -l `which ping`
-rwsr-xr-x 1 root root 64424 Jun 28 11:05 /bin/ping
vagrant@vagrant:~$ cp /bin/ping ./myping
vagrant@vagrant:~$ ls -l ./myping
-rwxr-xr-x 1 vagrant vagrant 64424 Nov 24 18:51 ./myping
```

```
vagrant@vagrant:~$ ./myping 10.0.0.1
ping: socket: Operation not permitted
```

実行ファイルをコピーすると、ファイルの所有者属性は操作しているユーザーIDに従って設定され、setuidビットは引き継がれません。このmypingを一般ユーザーで実行すると、RAWソケットをオープンするのに十分な権限がありません。パーミッションのビットを確認してみると、オリジナルのpingには通常のxではなく、sまたはsetuidビットが設定されていることがわかります。

ファイルの所有者をrootに変更してみても（これを行うにはsudoが必要です）、やはりrootで実行しない限り、実行ファイルに十分な権限が与えられないのです。

```
vagrant@vagrant:~$ sudo chown root ./myping
vagrant@vagrant:~$ ls -l ./myping
-rwxr-xr-x 1 root vagrant 64424 Nov 24 18:55 ./myping
vagrant@vagrant:~$ ./myping 10.0.0.1
ping: socket: Operation not permitted
vagrant@vagrant:~$ sudo ./myping 10.0.0.1
PING 10.0.0.1 (10.0.0.1) 56(84) bytes of data.
^C
--- 10.0.0.1 ping statistics ---
2 packets transmitted, 0 received, 100% packet loss, time 1012ms
```

ここで、実行ファイルにsetuidビットを設定し、もう一度試してみてください。

```
vagrant@vagrant:~$ sudo chmod +s ./myping
vagrant@vagrant:~$ ls -l ./myping
-rwsr-sr-x 1 root vagrant 64424 Nov 24 18:55 ./myping
vagrant@vagrant:~$ ./myping 10.0.0.1
PING 10.0.0.1 (10.0.0.1) 56(84) bytes of data.
^C
--- 10.0.0.1 ping statistics ---
3 packets transmitted, 0 received, 100% packet loss, time 2052ms
```

詳細については、次の2.3節「capability」で説明しますが、実行ファイルにrootに関連するすべての特権を与えずに、mypingにソケットを開くための十分な特権を与える別の方法があります。

この実行中のpingのコピーは、rootとして操作できるようにsetuidビットを持っているので動作しますが、別のターミナルからpsコマンドを使用してプロセスを見ると、その結果に驚くかもしれません。

```
vagrant@vagrant:~$ ps uf -C myping
USER       PID %CPU %MEM  VSZ    RSS  TTY    STAT START  TIME COMMAND
vagrant  5154  0.0  0.0  18512 2484 pts/1 S+   00:33  0:00 ./myping localhost
```

このように、setuidビットがオンで、ファイルの所有者がrootであるにもかかわらず、プロセスはrootとして実行されていません。ここで何が起こっているのでしょうか。答えは、最近のバージョンのpingでは、実行ファイルはまずrootとして実行されますが、必要な機能だけを明示的に設定し、ユーザーIDを元のユーザーのものにリセットするからです。

Memo

より詳細に調査したい場合は、ping（またはmyping）実行ファイルが行うシステムコールを見るためにstraceを使用する方法があります。root権限で起動したターミナルでstrace -f -pP <シェルのプロセスID>を実行すると、指定したシェル内で実行されている実行ファイルを含む、すべてのシステムコールをトレースします。ユーザーIDをリセットするsetuid()システムコールを探してください。スレッドが必要とするcapabilityを設定するsetcap()システムコールのすぐ後に、setuid()が実行されていることがわかるでしょう。

すべての実行ファイルがこの方法でユーザーIDをリセットするように書かれているわけではありません。前述のsleep実行ファイルのコピーを使用し、より一般的なsetuidの動作を見ることができます。所有者をrootに変更し、setuidビットを設定した後（これは所有者を変更するとリセットされます）、root以外のユーザーで実行します。

```
vagrant@vagrant:~$ sudo chown root mysleep
vagrant@vagrant:~$ sudo chmod +s mysleep
vagrant@vagrant:~$ ls -l ./mysleep
-rwsr-sr-x 1 root vagrant 35000 Dec  2 00:36 ./mysleep
vagrant@vagrant:~$ ./mysleep 100
```

別のターミナルでpsを実行すると、このプロセスがrootのユーザーIDで実行されていることが確認できます。

```
vagrant@vagrant:~$ ps uf -C mysleep
USER       PID %CPU %MEM    VSZ   RSS TTY      STAT START   TIME COMMAND
root      6646  0.0  0.0   7468   764 pts/2    S+   00:38   0:00 ./mysleep 100
```

ここまでsetuidビットについて調べてきましたが、次はセキュリティへの影響について考えてみましょう。

setuidのセキュリティへの影響

bashにsetuidを設定するとどうなるか、想像してみてください。シェル内におけるすべてのユーザーの操作は、rootユーザーとして実行されるのでしょうか。実際にはそれほど単純ではありません。なぜなら、ほとんどのシェルはpingと同じようにユーザーIDをリセットして、そのような権限昇格に使われるのを避けるからです。しかし、自分でsetuidを行い、rootに移行した後にシェルを呼び出すプログラムを書くことは非常に簡単です❷。

setuidは権限昇格の入口となるため、一部のコンテナイメージスキャナ（第7章で説明）はsetuidビットが設定されたファイルの存在について知らせてきます。また、docker runコマンドの--no-new-privilegesオプションで、このビットが使用できないようにすることもできます。

setuidビットは、プロセスがroot権限を持つか持たないかといった、特権の仕組みがもっと単純だった時代からあります。setuidビットは、非rootユーザーに特別な特権を付与するための仕組みを提供しました。Linuxカーネルのバージョン2.2では、capabilityによってこれらの特権をよりきめ細かく制御できるようになりました。

❷ https://www.electricmonk.nl/log/2017/09/30/root-your-docker-host-in-10-seconds-for-fun-and-profit/

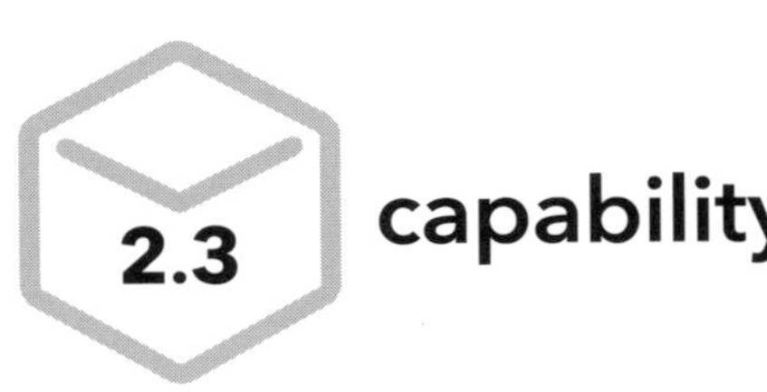

2.3 capability

今日のLinuxカーネルには、30種類以上のcapabilityがあります。capabilityをスレッドに割り当てることで、そのスレッドが特定のアクションを実行できるかどうかを決定できます。たとえば、スレッドが小さい番号（1024以下）のポートにバインドするためには、CAP_NET_BIND_SERVICEのcapabilityが必要です。CAP_SYS_BOOTは、任意の実行ファイルにシステムを再起動する権限がないようにするために存在します。CAP_SYS_MODULEは、カーネルモジュールのロードまたはアンロードに必要です。

先ほど、pingは一時的にrootとして実行され、スレッドがRAWソケットを開くのに必要なcapabilityを得ると述べました。このcapabilityはCAP_NET_RAWと呼ばれています。

Memo

capabilityについての詳しい情報を知りたい場合は、Linuxマシン上でmanコマンドを使ってcapabilitiesを調べてみてください。

プロセスに割り当てられているcapabilityは、getpcapsコマンドで確認できます。たとえば、非rootユーザーが実行するプロセスは、通常capabilityはありません。

```
vagrant@vagrant:~$ ps
  PID TTY          TIME CMD
22355 pts/0    00:00:00 bash
25058 pts/0    00:00:00 ps
vagrant@vagrant:~$ getpcaps 22355
Capabilities for '22355': =
```

rootでプロセスを実行する場合は、異なる結果が得られます。

```
vagrant@vagrant:~$ sudo bash
root@vagrant:~# ps
  PID TTY          TIME CMD
25061 pts/0    00:00:00 sudo
25062 pts/0    00:00:00 bash
25070 pts/0    00:00:00 ps
root@vagrant:~# getpcaps 25062
Capabilities for '25062': = cap_chown,cap_dac_override,cap_dac_read_
search,cap_fowner,cap_fsetid,cap_kill,cap_setgid,cap_setuid,cap_setpcap
cap_linux_immutable,cap_net_bind_service,cap_net_broadcast,cap_net_admin,
cap_net_raw,cap_ipc_lock,cap_ipc_owner,cap_sys_module,cap_sys_rawio,
cap_sys_chroot,cap_sys_ptrace,cap_sys_pacct,cap_sys_admin,cap_sys_boot,
cap_sys_nice,cap_sys_resource,cap_sys_time,cap_sys_tty_config,cap_mknod,
cap_lease,cap_audit_write,cap_audit_control,cap_setfcap,cap_mac_override
cap_mac_admin,cap_syslog,cap_wake_alarm,cap_block_suspend,cap_audit_read
+ep
```

ファイルには直接capabilityを割り当てることができます。先ほど、pingのコピーがsetuidビットなしで非rootユーザーで実行することが許可されていないことを確認しました。もう1つの方法は、実行ファイルに直接必要なcapabilityを割り当てることです。pingのコピーを取って、それが通常のパーミッション（setuidビットなし）を持っていることを確認してください。これは、ソケットを開くことが許可されていません。

```
vagrant@vagrant:~$ cp /bin/ping ./myping
vagrant@vagrant:~$ ls -l myping
-rwxr-xr-x 1 vagrant vagrant 64424 Feb 12 18:18 myping
vagrant@vagrant:~$ ./myping 10.0.0.1
ping: socket: Operation not permitted
```

setcapを使用して、ファイルにCAP_NET_RAW capabilityを追加し、RAWソケットを開く許可を与えてください。capabilityを変更するには、root権限が必要です。より正確には、CAP_SETFCAP capabilityだけが必要ですが、これは自動的にrootに付与されます。

```
vagrant@vagrant:~$ setcap 'cap_net_raw+p' ./myping
unable to set CAP_SETFCAP effective capability: Operation not permitted
vagrant@vagrant:~$ sudo setcap 'cap_net_raw+p' ./myping
```

これは、lsコマンドが示すパーミッションには影響しませんが、getcapコマンドでcapabilityを確認できます。

```
vagrant@vagrant:~$ ls -l myping
-rwxr-xr-x 1 vagrant vagrant 64424 Feb 12 18:18 myping
vagrant@vagrant:~$ getcap ./myping
./myping = cap_net_raw+p
```

このcapabilityを使えば、pingのコピーを動作させることができます。

```
vagrant@vagrant:~$ ./myping 10.0.0.1
PING 10.0.0.1 (10.0.0.1) 56(84) bytes of data.
^C
```

Memo

ファイルとプロセスのパーミッションの相互作用についての詳細な議論は、Adrian Mouatの投稿「Linux Capabilities in Practice」●を参照してください。

● https://blog.container-solutions.com/linux-capabilities-in-practice

最小権限の原則に従って、プロセスの実行に必要なcapabilityだけを許可するのは良い考えです。第8章で説明するように、コンテナを実行するときには、許可されるcapabilityを制御するオプションがあります。

Linuxにおけるパーミッションと権限の基本的な概念については理解できたと思います。次に、権限昇格について見ていきます。

監訳・補足

net.ipv4.ping_group_rangeによるmypingの実行

mypingを実行させる第3の方法として、net.ipv4.ping_group_rangeカーネルパラメータを利用できます。

net.ipv4.ping_group_rangeはICMPソケットを扱うグループIDの範囲を

指定します。詳細については、次のicmpのmanページを参照してください。

https://man7.org/linux/man-pages/man7/icmp.7.html

```
ubuntu@18.04:~$ sudo sysctl net.ipv4.ping_group_range
net.ipv4.ping_group_range = 1    0
```

「1　0」が設定されている場合、ICMPソケットを扱うグループは指定されていません。

この値に現ユーザーのグループIDを含む範囲を指定することで、CAP_NET_RAWやsetuidを利用することなくmypingを実行可能です。

```
# setuid、capabilityなし
ubuntu@18.04:~$ ls -l myping
-rwxr-xr-x 1 ubuntu ubuntu 64424 Feb 12 10:17 myping
ubuntu@18.04:~$ getcap myping
ubuntu@18.04:~$ ./myping 8.8.8.8
ping: socket: Operation not permitted

# グループID1000をnet.ipv4.ping_group_rangeの範囲に指定
ubuntu@18.04:~$ id -g
1000
ubuntu@18.04:~$ sudo sysctl -w net.ipv4.ping_group_range="0 1000"
net.ipv4.ping_group_range = 0 1000
ubuntu@18.04:~$ ./myping 8.8.8.8
PING 8.8.8.8 (8.8.8.8) 56(84) bytes of data.
^C
```

またUbuntu 20.04以降、net.ipv4.ping_group_rangeのグループ範囲がデフォルトで指定されており、特別な設定をせずともmypingを実行できるようになりました。

本章の2.2節と2.3節のサンプルコマンドをお試しになる際はご注意ください。

2.4 権限昇格

「権限昇格」とは、与えられている権限を越えて、許可されていない行動を取れるようにすることを意味します。攻撃者は、システムの脆弱性や設定の不備を利用して、自分自身に追加の権限を与えることで特権を拡大します。

多くの場合、攻撃者は非特権ユーザーとして起動し、マシンのroot権限を獲得することを目的としています。特権を拡大する一般的な方法は、すでにrootとして動作しているソフトウェアを探し、そのソフトウェアにある既知の脆弱性を利用することです。たとえば、Webサーバーのソフトウェアには、Strutsの脆弱性[3]のように、攻撃者がリモートでコードを実行できるような脆弱性が含まれている場合があります。もしWebサーバーがrootで動作している場合、攻撃者がリモートで実行するものはすべてroot権限で実行されます。このため、可能な限り非特権ユーザーとしてソフトウェアを実行することが望まれます。

後章で学ぶように、デフォルトでは**コンテナはrootとして実行されます**。つまり、従来のLinuxマシンと比較して、コンテナで実行されるアプリケーションはrootとして実行される可能性がはるかに高いということです。コンテナ内のプロセスを制御できる攻撃者は、なんらかの方法でコンテナからエスケープ（脱出）しなければなりませんが、これを達成するとホスト上でrootとなり、それ以上の権限昇格は必要ありません。第9章では、この点についてさらに詳しく説明します。

コンテナが非rootユーザーとして実行されている場合でも、本章の前半で見たLinuxのパーミッションに基づく権限昇格の可能性があります。

- setuidバイナリを含むコンテナイメージ
- 非rootユーザーとして実行されているコンテナに付与される追加のcapability

[3] https://cve.mitre.org/cgi-bin/cvename.cgi?name=CVE-2017-5638

繰り返しになりますが、これらの問題を軽減するためのアプローチについては、本書の後章で学びます。

2.5 まとめ

本章では、本書の内容を理解するのに不可欠なLinuxの基本的な仕組みをいくつか学びました。これらはまた、セキュリティにおいてもさまざまな形で登場します。読者の皆さんがこれから出会うコンテナのセキュリティ制御は、すべてこれらの基礎の上に構築されています。

Linuxの基本的なセキュリティ制御を把握したところで、コンテナを構成する仕組みに目を向けると、ホスト上のrootとコンテナ内のrootが同じものであることを理解できるようになります。

Chapter

3

コントロールグループ

本章では、コンテナを作るための基本的な構成要素の1つ、**コントロールグループ**（control group、よく**cgroup**と略される）について学びます。

cgroupは、プロセスのグループが使用できるメモリ、CPU、ネットワーク入出力などのリソースを制限します。セキュリティに関わる機能も提供しており、cgroupを適切に調整することで、特定のプロセスがすべてのリソースを独占して他プロセスの動作に影響を与えるのを防ぐことができます。また、cgroup内で許可されるプロセスの総数を制限する「pid」という名前のcgroupもあり、これはフォーク爆弾を防ぐことができます。

フォーク爆弾は生成したプロセスがさらにプロセスを生成し、リソースの使用量を指数関数的に増大させることで、最終的にマシンを機能不全に陥らせます。数年前に筆者が行った講演の動画では、pid cgroupを使ってフォーク爆弾の影響を軽減するデモ●が紹介されています。

- What Have Namespaces Done for You Lately?（YouTube）
  https://www.youtube.com/watch?v=MHv6cWjvQjM

第4章で詳しく説明しますが、コンテナは通常のLinuxプロセスとして実行されるため、cgroupを使用して各コンテナが利用できるリソースを制限可能です。cgroupがどのように構成されているかを見てみましょう。

cgroupの階層

管理対象のリソースの種類ごとにcgroupの階層があり、各階層はcgroupコントローラによって管理されます。Linuxのプロセスはそれぞれのcgroupに所属し、プロセスが最初に作成されたときに親のcgroupを継承します。

Linuxカーネルは、通常/sys/fs/cgroupに存在する一連の擬似ファイルシステムを通じてcgroupに関する情報を提供します。このディレクトリの内容を表示することで、システム上の各種cgroupを確認できます。

```
root@vagrant:/sys/fs/cgroup$ ls
blkio    cpu,cpuacct  freezer   net_cls            perf_event  systemd
cpu      cpuset       hugetlb   net_cls,net_prio   pids        unified
cpuacct  devices      memory    net_prio           rdma
```

cgroupの管理には、階層内のファイルやディレクトリに対する読み取りと書き込みが含まれます。例として、memory cgroupを見てみましょう。

```
root@vagrant:/sys/fs/cgroup$ ls memory/
cgroup.clone_children                memory.limit_in_bytes
cgroup.event_control                 memory.max_usage_in_bytes
cgroup.procs                         memory.move_charge_at_immigrate
cgroup.sane_behavior                 memory.numa_stat
init.scope                           memory.oom_control
memory.failcnt                       memory.pressure_level
memory.force_empty                   memory.soft_limit_in_bytes
memory.kmem.failcnt                  memory.stat
memory.kmem.limit_in_bytes           memory.swappiness
memory.kmem.max_usage_in_bytes       memory.usage_in_bytes
memory.kmem.slabinfo                 memory.use_hierarchy
memory.kmem.tcp.failcnt              notify_on_release
memory.kmem.tcp.limit_in_bytes       release_agent
memory.kmem.tcp.max_usage_in_bytes   system.slice
memory.kmem.tcp.usage_in_bytes       tasks
memory.kmem.usage_in_bytes           user.slice
```

これらのファイルの中には、cgroupを操作するために書き込むことができるものもあれば、カーネルによって書き込まれたcgroupの状態を表す情報を含むものもあります。どれがパラメータでどれが情報なのかは、「The Linux kernel user's and administrator's guide」の該当ページ❶を見ないとすぐにはわかりませんが、ファイル名から何をするのかが推測できるものもあります。たとえば、`memory.limit_in_bytes`はグループ内のプロセスで使用可能なメモリ量を設定する書き込み可能な値を保持し、`memory.max_usage_in_bytes`はグループ内のメモリ使用量の最大値を知らせます。

このmemoryディレクトリは階層の最上位にあり、他のcgroupサブディレク

❶ 「The Linux kernel user's and administrator's guide」のMemory Resource Controllerのページ
https://www.kernel.org/doc/html/latest/admin-guide/cgroup-v1/memory.html

トリがない場合は、これが実行中のすべてのプロセスのメモリ情報を保持します。あるプロセスのメモリ使用量を制限したい場合は、新しいcgroupサブディレクトリを作成し、そのプロセスを割り当てる必要があります。

3.2 cgroupの作成

memoryディレクトリの中にサブディレクトリを作成すると、cgroupが作成されます。カーネルは自動的にcgroupに関するパラメータや統計情報など、さまざまなファイルをディレクトリに配置します。

```
root@vagrant:/sys/fs/cgroup$ mkdir memory/liz
root@vagrant:/sys/fs/cgroup$ ls memory/liz/
cgroup.clone_children               memory.limit_in_bytes
cgroup.event_control                memory.max_usage_in_bytes
cgroup.procs                        memory.move_charge_at_immigrate
memory.failcnt                      memory.numa_stat
memory.force_empty                  memory.oom_control
memory.kmem.failcnt                 memory.pressure_level
memory.kmem.limit_in_bytes          memory.soft_limit_in_bytes
memory.kmem.max_usage_in_bytes      memory.stat
memory.kmem.slabinfo                memory.swappiness
memory.kmem.tcp.failcnt             memory.usage_in_bytes
memory.kmem.tcp.limit_in_bytes      memory.use_hierarchy
memory.kmem.tcp.max_usage_in_bytes  notify_on_release
memory.kmem.tcp.usage_in_bytes      tasks
memory.kmem.usage_in_bytes
```

これらのファイルの詳細は本書の範囲外なので割愛しますが、cgroupの制限を定義するために操作できるパラメータを保持するファイルや、cgroupのリソースの現在の使用に関する統計情報を伝達するファイルが存在します。たとえばmemory.usage_in_bytesは、cgroupによって現在使用されているメモリ量を記述するファイルであると推測できます。cgroupが使用できるメモリの最大値は、memory.limit_in_bytesで定義されています。

コンテナを起動すると、ランタイムはそのコンテナのために新しいcgroupを作成します。lscgroupというユーティリティ（Ubuntuではcgroup-toolsパッケージ経由でインストールされる）を使用すると、ホストからこれらのcgroupを確認するのに役立ちます。ここではruncで新しいコンテナを起動する前後でのmemory cgroupの違いを見てみましょう。ターミナルウィンドウでmemory cgroupの内容をファイル出力します。

```
root@vagrant:~$ lscgroup memory:/ > before.memory
```

別のターミナルでコンテナを起動します。

```
vagrant@vagrant:alpine-bundle$ sudo runc run sh
/ $
```

再びmemory cgroupの内容をファイル出力し、2つを比較します。

```
root@vagrant:~$ lscgroup memory:/ > after.memory
root@vagrant:~$ diff before.memory after.memory
4a5
> memory:/user.slice/user-1000.slice/session-43.scope/sh
```

この階層はmemory cgroupのルートからの相対パスで表示されており、/sys/fs/cgroup/memory下に配置されています。コンテナ実行中にホストからcgroupを確認できます。

```
root@vagrant:/sys/fs/cgroup/memory$ ls user.slice/user-1000.slice/sess➡
ion-43.scope/sh/
cgroup.clone_children                memory.limit_in_bytes
cgroup.event_control                 memory.max_usage_in_bytes
cgroup.procs                         memory.move_charge_at_immigrate
memory.failcnt                       memory.numa_stat
memory.force_empty                   memory.oom_control
memory.kmem.failcnt                  memory.pressure_level
memory.kmem.limit_in_bytes           memory.soft_limit_in_bytes
memory.kmem.max_usage_in_bytes       memory.stat
memory.kmem.slabinfo                 memory.swappiness
memory.kmem.tcp.failcnt              memory.usage_in_bytes
memory.kmem.tcp.limit_in_bytes       memory.use_hierarchy
```

```
memory.kmem.tcp.max_usage_in_bytes  notify_on_release
memory.kmem.tcp.usage_in_bytes      tasks
memory.kmem.usage_in_bytes
```

コンテナ内では、自身のcgroupのリストは/procディレクトリに保存されています。

```
/ $ cat /proc/$$/cgroup
12:cpu,cpuacct:/sh
11:cpuset:/sh
10:hugetlb:/sh
9:blkio:/sh
8:memory:/user.slice/user-1000.slice/session-43.scope/sh
7:pids:/user.slice/user-1000.slice/session-43.scope/sh
6:freezer:/sh
5:devices:/user.slice/sh
4:net_cls,net_prio:/sh
3:rdma:/
2:perf_event:/sh
1:name=systemd:/user.slice/user-1000.slice/session-43.scope/sh
0::/user.slice/user-1000.slice/session-43.scope
```

コンテナ内で確認できるmemory cgroupは、ホスト上のmemory cgroupと同一のものです。取得したcgroupを適切なファイルに書き込めば、コンテナ内のcgroupのパラメータを変更できます。

先ほどのcgroupの一覧で`user.slice/user-1000`という部分が気になるかもしれません。これはsystemdに関連しており、systemdはリソースコントロールのためにいくつかのcgroup階層を自動的に作成します。この点に関して、Red Hatが説明資料を公開しています。興味のある方は次の「Red Hat Enterprise Linux 7」のオンラインドキュメント●を参照してください。

● 1.2. Default Cgroup Hierarchies（Resource Management Guide）
https://access.redhat.com/documentation/en-us/red_hat_enterprise_linux/7/html/resource_management_guide/sec-default_cgroup_hierarchies

3.3 リソースの上限設定

memory.limit_in_bytesファイルの内容を調べると、当該のcgroupで利用可能なメモリ量（バイト単位）がわかります。

```
root@vagrant:/sys/fs/cgroup/memory$ cat user.slice/user-1000.slice/sess
ion-43.scope/sh/memory.limit_in_bytes
9223372036854771712
```

デフォルトではメモリは制限されていないため、出力された数字はコマンドを実行した仮想マシンで利用可能なすべてのメモリを表しています。

あるプロセスが無制限にメモリを消費することを許可された場合、同じホスト上の他のプロセスのメモリを枯渇させる可能性があります。これは、アプリケーションのメモリリークによって偶発的に発生するかもしれませんし、メモリリークを利用したリソース枯渇攻撃[2]の結果であるかもしれません。このような種の攻撃が他のプロセスへ与える影響を軽減するには、プロセスがアクセスできるメモリやその他のリソースに制限を設けます。

runcのランタイムバンドル内のconfig.jsonファイルを変更することで、コンテナ作成時にcgroupに割り当てるメモリを制限できます。cgroupの制限は、config.jsonのlinux:resourcesセクションで次のように設定します。

```
"linux": {
    "resources": {
        "memory": {
            "limit": 1000000
        },
        ...
    }
}
```

[2] https://en.wikipedia.org/wiki/Resource_exhaustion_attack

設定の変更を適用するには、コンテナを停止してからruncコマンドを再実行する必要があります。コンテナ名を同じにすればcgroup名も同じになります(コンテナ内でcat /proc/$$/cgroupを実行すれば確認できます)。memory.limit_in_bytesパラメータを確認すると、制限値としてconfig.jsonに設定した値とほぼ同じ(おそらく最も近いkB)であることがわかります。

```
root@vagrant:/sys/fs/cgroup/memory$ cat user.slice/user-1000.slice/ses➡
sion-43.scope/sh/memory.limit_in_bytes
999424
```

この値を変更したのはruncです。cgroupに制限を設けるには、制限したいパラメータに対応するファイルの値を変更します。

ここまで制限がどのように設定されるかを説明してきました。最後に、プロセスをcgroupに割り当てる方法を見ていきましょう。

3.4 cgroupへのプロセス割り当て

リソース制限の設定と同様に、プロセスをcgroupに割り当てるには、そのプロセスIDをcgroup.procsファイルに書き込むだけの簡単な作業で済みます。次の例では、29903がシェルのプロセスIDです。

```
root@vagrant:/sys/fs/cgroup/memory/liz$ echo 100000 > memory.limit_in_➡
bytes
root@vagrant:/sys/fs/cgroup/memory/liz$ cat memory.limit_in_bytes
98304
root@vagrant:/sys/fs/cgroup/memory/liz$ echo 29903 > cgroup.procs
root@vagrant:/sys/fs/cgroup/memory/liz$ cat cgroup.procs
29903
root@vagrant:/sys/fs/cgroup/memory/liz$ cat /proc/29903/cgroup | grep ➡
memory
8:memory:/liz
```

実行中のシェルはcgroupのメンバーであり、メモリは100kB弱に制限されています。これは非常に少ないメモリ量で、シェル内部からlsコマンドを実行するだけでもcgroupの制限を超えてしまいます。

```
$ ls
Killed
```

メモリ制限を超えようとすると、プロセスが強制終了します。

Dockerにおけるcgroupの利用

cgroupファイルシステムにあるリソース用ファイルの変更により、cgroupがどのように操作されるかを見てきました。次はDockerを使って実際の動作を確認してみましょう。

サンプルコードの実行には、Linux（仮想）マシン上でDockerを直接起動する必要があります。macOS/Windows用のDockerを使用する場合、DockerはホストOSとは異なる仮想マシン内で実行されます。つまり、第5章で説明するように、Dockerデーモンとコンテナはその仮想マシン内で別のカーネルを使用して実行されているので、サンプルコードの実行はうまくいかないということです。

Dockerは自動的に自身のcgroupを作成します。これらは各cgroupの階層の中で、dockerという名前のディレクトリを探すことで確認できます。

```
root@vagrant:/sys/fs/cgroup$ ls */docker | grep docker
blkio/docker:
cpuacct/docker:
cpu,cpuacct/docker:
cpu/docker:
```

```
cpuset/docker:
devices/docker:
freezer/docker:
hugetlb/docker:
memory/docker:
net_cls/docker:
net_cls,net_prio/docker:
net_prio/docker:
perf_event/docker:
pids/docker:
systemd/docker:
```

コンテナを起動すると、docker cgroupの中に別のcgroupが自動的に作成されます。コンテナのcgroupを確認するため、以下の例ではコンテナ作成時にメモリ制限を付与し、十分な時間スリープするプロセスをバックグラウンドで実行しています。

```
root@vagrant:~$ docker run --rm --memory 100M -d alpine sleep 10000
68fb008c5fd3f9067e1aa245b4522a9f3675720d8953371ecfcf2e9faf91b8a0
```

cgroupの階層を確認すると、コンテナIDをcgroup名とする新しいcgroupが作成されていることがわかります。

```
root@vagrant:/sys/fs/cgroup$ ls memory/docker/68fb008c5fd3f9067e1aa245b⏎
4522a9f3675720d8953371ecfcf2e9faf91b8a0
cgroup.clone_children
cgroup.event_control
cgroup.procs
memory.failcnt
memory.force_empty
memory.kmem.failcnt
memory.kmem.limit_in_bytes
memory.kmem.max_usage_in_bytes
...
```

memory.limit_in_bytesは、memory cgroup内のメモリ制限をバイト単位で表示します。

```
root@vagrant:/sys/fs/cgroup$ cat memory/docker/68fb008c5fd3f9067e1aa245➡
b4522a9f36
75720d8953371ecfcf2e9faf91b8a0/memory.limit_in_bytes
104857600
```

さらに、sleepプロセスが新しく作成されたcgroupのメンバーであることも確認できます。

```
root@vagrant:/sys/fs/cgroup$ cat memory/docker/68fb008c5fd3f9067e1aa245➡
b4522a9f3675720d8953371ecfcf2e9faf91b8a0/cgroup.procs
19824
root@vagrant:/sys/fs/cgroup$ ps -eaf | grep sleep
root     19824 19789  0 18:22 ?        00:00:00 sleep 10000
root     20486 18862  0 18:28 pts/1    00:00:00 grep --color=auto sleep
```

3.6 cgroup v2

Linuxカーネルは2016年からcgroup v2を提供しており、Fedoraは2019年半ばにcgroup v2をデフォルトとする最初のLinuxディストリビューションとなりました。しかし本稿執筆時点では、一般的なコンテナランタイムの実装はcgroup v1を前提としており、v2をサポートしていません 監注1（現状のv2への取り組みについては、須田瑛大のブログ記事「The current adoption status of cgroup v2 in containers」❸が参考になります）。

v1とv2の最大の違いは、cgroup v2ではプロセスがコントローラごとに異なるcgroupに所属できないことです。v1では、プロセスは/sys/fs/cgroup/memory/mygroupと/sys/fs/cgroup/pids/yourgroupに参加できましたが、v2ではよりシンプルになりました。プロセスは/sys/fs/cgroup/ourgroupに所属し、ourgroupのすべてのコントローラに管理されます。

監注1 Docker v20.10でcgroup v2がサポートされました。

❸ https://medium.com/nttlabs/cgroup-v2-596d035be4d7

cgroup v2ではrootlessコンテナのサポートが強化され、リソース制限を適用できるようになりました。これについては第9章の「rootlessコンテナ」(184ページ)で説明します。

監訳・補足

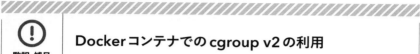

Dockerコンテナでのcgroup v2の利用

Dockerはv20.10以降、cgroup v2をサポートしています。Dockerコンテナでcgroup v2を利用するには、cgroup v2に対応したホストマシンのカーネルとコンテナランタイムが必要です。

- containerd: v1.4以降
- runc: v1.0.0-rc91以降
- カーネル:v4.15以降(v5.2以降の利用を推奨)

コンテナのcgroupバージョンはホストマシンに依存します。cgroupバージョンをv1からv2に変更する場合、カーネル起動オプションに`systemd.unified_cgroup_hierarchy=1`を設定し、ホストマシンを再起動してください。

Docker公式ドキュメントの「Runtime metrics」には、さらに詳細な情報が記載されています。

- Runtime metrics(Docker Documentation)
  `https://docs.docker.com/config/containers/runmetrics/`

3.7 まとめ

cgroupは、Linuxプロセスで利用可能なリソースを制限します。cgroupを利用するためにコンテナを使う必要はありませんが、Dockerやその他のコンテナランタイムはcgroupを利用するための便利なインタフェースを提供しています。コンテナ実行時にリソース制限を設定するのは非常に簡単で、その制限は

cgroupによって管理されます。

リソースを制限することで、過剰なリソース消費によるデプロイの妨害や、正規のアプリケーションを停止させようとする一連の攻撃からの保護が可能になります。コンテナアプリケーションを実行するときは、メモリとCPUの制限を設定することをお勧めします。

コンテナでリソースがどのように制限されるか理解したところで、コンテナを構成する他の要素、すなわちnamespaceとrootディレクトリの変更について学ぶ準備が整いました。これらがどのように機能するかは、次章で取り扱います。

Chapter

4

コンテナの分離

本章ではコンテナが実際にどのように動作するのかを見ていきます。このとき必要なのは、コンテナ間、およびコンテナとホストがどの程度分離されているかを把握することです。コンテナの分離を理解することで、コンテナのセキュリティ境界の強さを評価できるようになります。

docker exec <image> bashを実行したことがあればわかると思いますが、コンテナは内部から見ると仮想マシンによく似ています。コンテナにシェルでアクセスし、psコマンドを実行すると、その内部で動作しているプロセスだけを見ることができます。コンテナには独自のネットワークスタックがあり、ホスト上のrootとは関係のないrootディレクトリを持つ独自のファイルシステムを持っているように見えます。コンテナは、メモリやCPUなどのリソースを制限して実行されます。これらはすべて、本章で詳しく見ていくLinuxの機能を使って行われます。

表面的には似ていても、**コンテナは仮想マシンではない**ことを認識することが重要です。第5章では、コンテナと仮想マシンの分離の違いについて見ていきます。2つの違いを理解し対比できるようになることが、従来のセキュリティ対策がコンテナでどの程度まで有効であるかを把握し、コンテナ固有のツールが必要な場所を特定するための鍵になります。

さらに本章では、コンテナがnamespaceやchroot、cgroupといったLinuxの構成要素からどのように構築されているかを確認します。これらの仕組みを理解することで、コンテナ内で実行されるアプリケーションがどれだけ安全に保護されているか実感できるでしょう。

個々の構成要素は単純なものですが、Linuxカーネルの他の機能と組み合わせて使われることにより、複雑な問題を発生させることがあります。「コンテナエスケープ」の脆弱性（たとえば、runcとLXCの両方で発見された深刻な脆弱性であるCVE-2019-5736❶）は、namespace、capability、ファイルシステムの相互作用に基づくものでした。

---

❶ https://www.openwall.com/lists/oss-security/2019/02/11/2

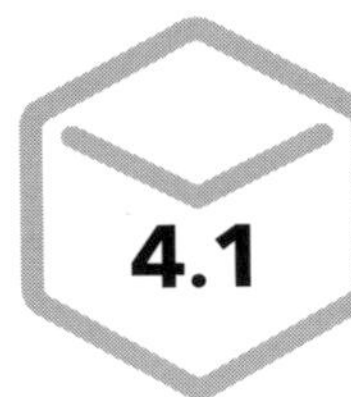

4.1 namespace

cgroupがプロセスの使用できるリソースを制御するのであれば、**namespace**はプロセスの見ることができるリソースを制御します。プロセスをnamespaceに置くことで、そのプロセスから見えるリソースを制限できます。

namespaceの登場は、Plan 9 OS[2]にさかのぼります。当時、ほとんどのOSではファイルの「namespace」は1つでした。Unixシステムでは、ファイルシステムをマウントできましたが、すべてのファイル名について同じシステム全体のビューにマウントされます。Plan 9では、各プロセスは独自の「namespace」抽象化、つまり参照できるファイル（およびファイルに似たオブジェクト）の階層を持つプロセスグループに属していました。各プロセスグループは、互いに干渉することなく、独自のファイルシステム群をマウントできました。

最初のnamespaceは、2002年のバージョン2.4.19でLinuxカーネルに導入されました。これはmount namespaceで、Plan9と同様の機能を備えていました。現在では、Linuxでサポートされているnamespaceは数種類に分かれています。

- Unix Timesharing System（UTS）（複雑なものに思われるかもしれませんが、これはプロセスが認識するシステムのホスト名とドメイン名にすぎません）
- プロセスID
- マウントポイント
- ネットワーク
- ユーザーID、グループID
- プロセス間通信（IPC）
- コントロールグループ（cgroup）

Linuxカーネルの将来のリビジョンでは、より多くのリソースがnamespace

---

[2] The Use of Name Spaces in Plan 9
http://doc.cat-v.org/plan_9/4th_edition/papers/names

化される可能性があります。たとえば、time namespaceの導入について議論[3]されています 監注1。

プロセスは常に、タイプ（TYPE）別にそれぞれ1つのnamespaceに所属します。Linuxシステムを起動すると、各タイプのnamespaceを1つずつ持ちますが、追加でnamespaceを作成して、プロセスをそこに割り当てることもできます。自分のマシンのnamespaceは、lsnsコマンドで簡単に確認できます。

```
vagrant@myhost:~$ lsns
        NS TYPE   NPROCS   PID USER    COMMAND
4026531835 cgroup      3 28459 vagrant /lib/systemd/systemd --user
4026531836 pid         3 28459 vagrant /lib/systemd/systemd --user
4026531837 user        3 28459 vagrant /lib/systemd/systemd --user
4026531838 uts         3 28459 vagrant /lib/systemd/systemd --user
4026531839 ipc         3 28459 vagrant /lib/systemd/systemd --user
4026531840 mnt         3 28459 vagrant /lib/systemd/systemd --user
4026531992 net         3 28459 vagrant /lib/systemd/systemd --user
```

このように、各タイプにはそれぞれ1つのnamespaceがあり、見た目もすっきりしています。しかし、これは不完全なものです。lsnsコマンドのmanページ[4]には、次のように記載されています。「/procファイルシステムから直接情報を読み取るので、rootでないユーザーには不完全な情報を返す可能性があります」(原文：reads information directly from the /proc filesystem and for non-root users it may return incomplete information.)。では、rootで実行したときに何が得られるか見てみましょう。

```
vagrant@myhost:~$ sudo lsns
        NS TYPE   NPROCS   PID USER             COMMAND
4026531835 cgroup     93     1 root             /sbin/init
4026531836 pid        93     1 root             /sbin/init
4026531837 user       93     1 root             /sbin/init
4026531838 uts        93     1 root             /sbin/init
4026531839 ipc        93     1 root             /sbin/init
4026531840 mnt        89     1 root             /sbin/init
4026531860 mnt         1    15 root             kdevtmpfs
```

---

[3] kernel: Introduce Time Namespace [LWN.net]　https://lwn.net/Articles/779104/

監注1 time namespaceは、カーネル5.6でサポートされました。

[4] https://man7.org/linux/man-pages/man8/lsns.8.html

```
4026531992 net         93      1 root              /sbin/init
4026532170 mnt          1 14040 root              /lib/systemd/systemd-➡
udevd
4026532171 mnt          1   451 systemd-network   /lib/systemd/systemd-➡
networkd
4026532190 mnt          1   617 systemd-resolve   /lib/systemd/systemd-➡
resolved
```

rootユーザーはさらにいくつかのmount namespaceを見ることができ、非rootユーザーが見ることができたプロセスよりも多くのプロセスを確認できます。lsnsを使用する場合、全体像を把握するためにrootで実行（またはsudoを使用）する必要があることに注意してください。

ここでは、namespaceを利用して、「コンテナ」のような振る舞いをするものを作成する方法を探ってみましょう。

本章の例では、Linuxのシェルコマンドを使用してコンテナを作成します。Go言語を使ってコンテナを作成してみたい方は、筆者のGitHub（https://github.com/lizrice/containers-from-scratch）で手順を示しています。

ホスト名の分離

まず、Unix Timesharing System（UTS）のnamespaceから始めましょう。前述のように、UTSはホスト名とドメイン名を対象としています。プロセスを独自のUTS namespaceに置くことで、プロセスのホスト名を、そのプロセスが実行されているマシンや仮想マシンのホスト名とは無関係なものに変更できます。

Linuxでターミナルを開くと、ホスト名が表示されます。

```
vagrant@myhost:~$ hostname
myhost
```

ほとんどのコンテナシステムは、各コンテナにランダムなIDを付与します。デフォルトでは、このIDがホスト名として使用されます。これは、コンテナを実行してシェルにアクセスすることで確認できます。たとえば、Dockerでは以下のようになります。

```
vagrant@myhost:~$ docker run --rm -it --name hello ubuntu bash
root@cdf75e7a6c50:/$ hostname
cdf75e7a6c50
```

ちなみに、この例ではDockerでコンテナに名前を付けても（ここでは--name helloを指定）、その名前はコンテナのホスト名には使われないことがわかります。

Dockerが独自のUTS namespaceを持つコンテナを作成したため、コンテナは独自のホスト名を持つことができます。unshareコマンドを使用して、独自のUTS namespaceを持つプロセスを作成することで、これを再現できます。

manページで説明されているように（man unshareを実行するとわかります）、unshareは親プロセスから共有されていないnamespaceでプログラムを実行できます。その説明をもう少し掘り下げてみましょう。プログラムを実行するとき、カーネルは新しいプロセスを作成し、その中でプログラムを実行します。これは、実行中のプロセス（**親プロセス**）のコンテキストから行われ、新しいプロセスは「**子プロセス**」と呼ばれます。unshareという言葉は、親のnamespaceを共有するのではなく、子プロセスに自分自身のnamespaceを与えることを意味しています。

試しにやってみましょう。これを行うにはroot権限が必要なので、sudoで実行します。

```
vagrant@myhost:~$ sudo unshare --uts sh
$ hostname
myhost
$ hostname experiment
$ hostname
experiment
$ exit
vagrant@myhost:~$ hostname
myhost
```

このコマンド実行により、新しいUTS namespaceを持つ新しいプロセスでshシェルが実行されます。シェルの内部で実行するすべてのプログラムは、そのnamespaceを継承します。hostnameコマンドを実行すると、ホストマシンのnamespaceから分離された新しいUTS namespaceで実行されます。

exitで終了する前に同じホストに対して別のターミナルを開いていれば、(仮想) マシン全体のホスト名が変更されていないことを確認できるでしょう。ホスト上のホスト名を変更しても、namespace内のプロセスが認識しているホスト名には影響を与えず、その逆も同様です。

これは、コンテナの動作を理解するのに重要な部分です。namespaceは、ホストマシンから独立したリソース（この場合はホスト名）をプロセスに与えています。しかし、各プロセスは同じLinuxカーネルによって実行されていることに変わりはありません。これには、本章の後半で説明するセキュリティ上の意味があります。namespaceの別の例として、コンテナ内で動作しているプロセスのみが表示される仕組みについて見てみましょう。

4.3 プロセスIDの分離

Dockerコンテナ内でpsコマンドを実行すると、そのコンテナ内で動作しているプロセスのみが表示され、ホスト上で動作しているプロセスは一切表示されません。

```
vagrant@myhost:~$ docker run --rm -it --name hello ubuntu bash
root@cdf75e7a6c50:/$ ps -eaf
UID        PID  PPID  C STIME TTY          TIME CMD
root         1     0  0 18:41 pts/0    00:00:00 bash
root        10     1  0 18:42 pts/0    00:00:00 ps -eaf
root@cdf75e7a6c50:/$ exit
vagrant@myhost:~$
```

これはPID namespaceによって実現され、可視化されるプロセスIDを制限しています。もう一度unshareを実行してみてください。今度は--pidオプションで新しいPID namespaceが必要であることを指定してください。

```
vagrant@myhost:~$ sudo unshare --pid sh
$ whoami
root
$ whoami
sh: 2: Cannot fork
$ whoami
sh: 3: Cannot fork
$ ls
sh: 4: Cannot fork
$ exit
vagrant@myhost:~$
```

最初のwhoamiより後のコマンドはうまく動作していないように見えますが、この出力には興味深いものがあります。

sh実行直後の最初のプロセスは問題なく動作したようですが、それ以降のすべてのコマンドはフォークできないため失敗します。エラーは「<command>: <プロセスID>: <message>」という形式で出力され、プロセスIDが毎回インクリメントされているのがわかります。この順序からすると、最初のwhoamiは1のプロセスIDとして実行されたと考えられます。これは、プロセスIDのナンバリングが初期化されたという意味で、PID namespaceがなんらかの形で機能していることを示す手がかりとなります。しかし、複数のプロセスを実行できないのであれば、ほとんど意味がありません。

unshareのmanページにある--forkオプションの説明の中に、この問題の手がかりがあります。「指定されたプログラムを直接実行するのではなく、unshareの子プロセスとしてフォークします。これは、新しいPID namespaceを作成するときに便利です」とあります。

psを実行し、別ターミナルからプロセス階層を表示することで、子プロセスとしてフォークされているかどうかを調べることができます。

```
vagrant@myhost:~$ ps fa
  PID TTY      STAT   TIME COMMAND
...
30345 pts/0    Ss     0:00 -bash
30475 pts/0    S      0:00  \_ sudo unshare --pid sh
```

```
30476 pts/0  S      0:00       \_ sh
```

shプロセスはunshareの子ではなく、sudoプロセスの子です。

では、同じことを--forkパラメータで試してみましょう。

```
vagrant@myhost:~$ sudo unshare --pid --fork sh
$ whoami
root
$ whoami
root
```

cannot forkエラーに遭遇することなく、複数のコマンドを実行できました。別ターミナルからプロセス階層をもう一度見てみると、重要な違いがあることがわかります。

```
vagrant@myhost:~$ ps fa
  PID TTY STAT   TIME COMMAND
...
30345 pts/0  Ss     0:00 -bash
30470 pts/0  S      0:00  \_ sudo unshare --pid --fork sh
30471 pts/0  S      0:00      \_ unshare --pid --fork sh
30472 pts/0  S      0:00          \_ sh
...
```

--forkパラメータを指定すると、shシェルはunshareプロセスの子プロセスとして実行され、このシェル内で子コマンドを正常に実行できるようになります。

シェルが独自のPID namespace内にあることを考えると、その中でpsを実行した結果は驚くべきものかもしれません。

```
vagrant@myhost:~$ sudo unshare --pid --fork sh
$ ps
  PID TTY          TIME CMD
14511 pts/0  00:00:00 sudo
14512 pts/0  00:00:00 unshare
14513 pts/0  00:00:00 sh
14515 pts/0  00:00:00 ps
$ ps -eaf
```

```
UID    PID  PPID  C  STIME TTY          TIME CMD
root     1     0  0  Mar27 ?    00:00:02 /sbin/init
root     2     0  0  Mar27 ?    00:00:00 [kthreadd]
root     3     2  0  Mar27 ?    00:00:00 [ksoftirqd/0]
root     4     2  0  Mar27 ?    00:00:00 [kworker/0:0H]
...many more lines of output about processes...
$ exit
vagrant@myhost:~$
```

このように、psは新しいPID namespaceで実行されているにもかかわらず、ホスト全体の全プロセスを表示しています。Dockerコンテナで見られるようなpsの挙動を求めるなら、新しいプロセスIDのnamespaceを使うだけでは不十分で、その理由はpsのmanページに次のように記載されています。

「psは/procにある仮想ファイルを読み込んで動作します」(原文：This ps works by reading the virtual files in /proc.)。

これがどのような仮想ファイルを指しているのか、/procディレクトリを見てみましょう。

```
vagrant@myhost:~$ ls /proc
1       14553   292     467          cmdline         modules
10      14585   3       5            consoles        mounts
1009    14586   30087   53           cpuinfo         mpt
1010    14664   30108   538          crypto          mtrr
1015    14725   30120   54           devices         net
1016    14749   30221   55           diskstats       pagetypeinfo
1017    15      30224   56           dma             partitions
1030    156     30256   57           driver          sched_debug
1034    157     30257   58           execdomains     schedstat
1037    158     30283   59           fb              scsi
1044    159     313     60           filesystems     self
1053    16      314     61           fs              slabinfo
1063    160     315     62           interrupts      softirqs
1076    161     34      63           iomem           stat
1082    17      35      64           ioports         swaps
11      18      3509    65           irq             sys
1104    19      3512    66           kallsyms        sysrq-trigger
1111    2       36      7            kcore           sysvipc
1175    20      37      72           keys            thread-self
1194    21      378     8            key-users       timer_list
12      22      385     85           kmsg            timer_stats
1207    23      392     86           kpagecgroup     tty
1211    24      399     894          kpagecount      uptime
```

```
1215   25    401   9          kpageflags   version
12426  26    403   966        loadavg      version_signature
125    263   407   acpi       locks        vmallocinfo
13     27    409   buddyinfo  mdstat       vmstat
14046  28    412   bus        meminfo      zoneinfo
14087  29    427   cgroups    misc
```

/procにある番号の付いたディレクトリはすべてプロセスIDに対応しており、そのディレクトリの中にはあるプロセスに関する興味深い情報がたくさんあります。たとえば、/proc/<pid>/exeは、この特定のプロセスの中で動作している実行ファイルへのシンボリックリンクです。

```
vagrant@myhost:~$ ps
  PID TTY          TIME CMD
28441 pts/1    00:00:00 bash
28558 pts/1    00:00:00 ps
vagrant@myhost:~$ ls /proc/28441
attr             fdinfo       numa_maps      smaps
autogroup        gid_map      oom_adj        smaps_rollup
auxv             io           oom_score      stack
cgroup           limits       oom_score_adj  stat
clear_refs       loginuid     pagemap        statm
cmdline          map_files    patch_state    status
comm             maps         personality    syscall
coredump_filter  mem          projid_map  task
cpuset           mountinfo    root        timers
cwd              mounts       sched       timerslack_ns
environ          mountstats   schedstat   uid_map
exe              net          sessionid   wchan
fd               ns           setgroups
vagrant@myhost:~$ ls -l /proc/28441/exe
lrwxrwxrwx 1 vagrant vagrant 0 Oct 10 13:32 /proc/28441/exe -> /bin/bash
```

実行中のプロセスIDのnamespaceに関係なく、psは実行中のプロセスに関する情報を/procに探しに行きます。psが新しいnamespace内のプロセスに関する情報のみを返すようにするには、カーネルがnamespace内のプロセスに関する情報を書き込むことができる/procディレクトリのコピーが別途必要です。procがroot直下のディレクトリであることを考えると、これはrootディレクトリを変更することを意味します。

4.4 rootディレクトリの変更

コンテナ内からは、ホストのファイルシステム全体は見えません。代わりに、コンテナの作成時にrootディレクトリが変更されるため、そのサブセットが見えます。

Linuxでは、chrootコマンドでrootディレクトリを変更できます。これは、現在のプロセスのrootディレクトリを、ファイルシステム内の他の場所を指すように移動します。ファイルシステム内ではrootディレクトリより上位に移動する方法がないため、**図4-1**に示すように、chrootコマンドを実行すると、現在のrootディレクトリより上位のファイル階層へのアクセスができなくなります。

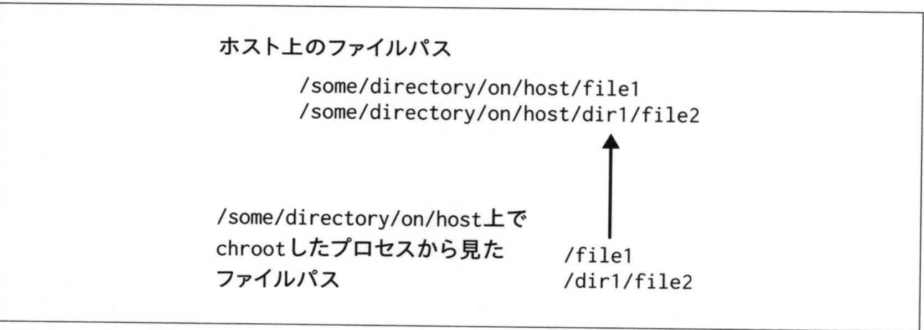

図4-1　rootディレクトリを変更することで、プロセスにファイルシステムのサブセットのみを表示

chrootのmanページには、次のような記述があります。

「rootディレクトリをNEWROOTに設定してCOMMANDを実行します。（中略）コマンドが与えられない場合は、*${SHELL}* -i（デフォルト：/bin/sh -i）を実行します」（原文：Run COMMAND with root directory set to NEWROOT. [...] If no command is given, run *${SHELL}* -i (default: /bin/sh -i).)。

このことから、chrootは単にディレクトリを変更するだけでなく、指定したコマンドを実行（コマンドを指定しない場合はシェルを実行）することがわかります。

新しいディレクトリを作成し、そこでchrootを実行してみてください。

```
vagrant@myhost:~$ mkdir new_root
vagrant@myhost:~$ sudo chroot new_root
chroot: failed to run command '/bin/bash' : No such file or directory
vagrant@myhost:~$ sudo chroot new_root ls
chroot: failed to run command 'ls' : No such file or directory
```

これはうまくいきません。問題は、新しいrootディレクトリの中にbinディレクトリが存在せず、/bin/bashシェルを実行できないことです。bashやlsなどの実行したいコマンドのファイルが、新しいrootディレクトリ内で利用可能である必要があります。これは実際のコンテナにおいても同様です。コンテナはコンテナイメージからインスタンス化され、コンテナが見ることのできるファイルシステムをカプセル化します。もし実行ファイルがファイルシステム内に存在しない場合、コンテナはコマンドを実行できません。

コンテナ内でAlpine Linuxを動かしてみましょう。Alpineは、コンテナのために設計された、軽量のLinuxディストリビューションです。まず、ファイルシステムをダウンロードする必要があります。

```
vagrant@myhost:~$ mkdir alpine
vagrant@myhost:~$ cd alpine
vagrant@myhost:~/alpine$ curl -o alpine.tar.gz http://dl-cdn.alpinelinux.org/
alpine/v3.10/releases/x86_64/alpine-minirootfs-3.10.0-x86_64.tar.gz
  % Total    % Received % Xferd  Average Speed   Time    Time     Time  Current
                                 Dload  Upload   Total   Spent    Left  Speed
100 2647k  100 2647k    0     0  16.6M      0 --:--:-- --:--:-- --:--:-- 16.6M
vagrant@myhost:~/alpine$ tar xvf alpine.tar.gz
```

この時点で、作成したalpineディレクトリの中に、Alpineファイルシステムのコピーがあります。圧縮されたものを削除して、親ディレクトリに戻ります。

```
vagrant@myhost:~/alpine$ rm alpine.tar.gz
vagrant@myhost:~/alpine$ cd ..
```

ls alpineでファイルシステムの内容を調べると、bin、lib、var、tmpなどのディレクトリを持つ、Linuxファイルシステムのrootディレクトリのように見えることが確認できます。

解凍したAlpineディレクトリに対し、chrootを使用してrootディレクトリを変更してみます。新しいプロセスでは、alpineディレクトリの階層内に存在するコマンドを指定できるようになります。

実行ファイルは新しいプロセスのパスに存在しなければなりませんが、このプロセスは、PATH環境変数を含む親の環境を引き継ぎます。alpine配下のbinディレクトリは、新しいプロセスでは/binになり、PATH環境変数に/binが含まれている場合、明示的にパスを指定しなくてもls実行ファイルを取得できます。

```
vagrant@myhost:~$ sudo chroot alpine ls
bin     etc     lib     mnt     proc    run     srv     tmp     var
dev     home    media   opt     root    sbin    sys     usr
vagrant@myhost:~$
```

新しいrootディレクトリを取得するのは、子プロセス（この例ではlsを実行したプロセス）だけであることに注意してください。そのプロセスが終了すると、制御は親プロセスに戻ります。子プロセスとしてシェルを実行した場合、すぐにプロセスが終了せず、rootディレクトリを変更したときの効果を簡単に確認できます。

```
vagrant@myhost:~$ sudo chroot alpine sh
/ $ ls
bin     etc     lib     mnt     proc    run     srv     tmp     var
dev     home    media   opt     root    sbin    sys     usr
/ $ whoami
root
/ $ exit
vagrant@myhost:~$
```

ここでbashシェルを実行しようとするとうまくいきません。これは、Alpineディストリビューションにbashが含まれておらず、新しいrootディレクトリの中に存在しないためです。Ubuntuのようなbashを含むディストリビューションの場合は、bashシェルは正常に動作します。

まとめると、chrootは文字どおりプロセスの「rootディレクトリを変更」します。rootディレクトリを変更した後、プロセス（とその子プロセス）は新しいrootディレクトリよりも下位の階層にあるファイルとディレクトリにのみアクセスできるようになります。

Memo

chrootと同等の機能を持つシステムコールとして、pivot_rootがあります。chrootとpivot_rootのどちらを使用しても問題ありませんが、重要なのは、コンテナが独自のrootディレクトリを持つ必要があることです。本章ではchrootを使用していますが、これはchrootのほうがシンプルで、多くの人になじみがあるためです。
chrootよりもpivot_rootを使用するほうがセキュリティ上の利点があります。このため、コンテナランタイム実装のソースコードを調べてみると、pivot_rootが見つかるはずです。主な違いは、pivot_rootがmount namespaceを利用することです。古いrootファイルシステムはもはやマウントされないので、mount namespace内でアクセスできなくなります。chrootシステムコールはこのようなアプローチを取らず、マウントポイントを介して古いrootファイルシステムにアクセスできる状態を維持します。

ここまで、コンテナに独自のrootファイルシステムを与える方法について見てきました。これに関しては第6章でさらに詳しく説明しますが、ここでは、独自のrootファイルシステムとnamespaceにより、コンテナ内のリソース表示を制限する方法を見てみましょう。

4.5 namespaceとrootディレクトリの変更の組み合わせ

これまでnamespaceとrootファイルシステムを別々のものとして見てきましたが、新しいnamespaceでchrootを実行することで、この2つを組み合わせて使用することができます。

```
me@myhost:~$ sudo unshare --pid --fork chroot alpine sh
/ $ ls
bin     etc     lib     mnt     proc    run     srv     tmp     var
dev     home    media   opt     root    sbin    sys     usr
```

本章の4.3節「プロセスIDの分離」で説明したように、コンテナに独自のrootディレクトリを設定すれば、ホスト上の/procから独立したコンテナ用の/procディレクトリを作成できます。このディレクトリにプロセス情報を格納するには、procタイプの擬似ファイルシステムとしてマウントする必要があります。PID namespaceと独立した/procディレクトリの組み合わせにより、psはPID namespace内にあるプロセスだけを表示するようになります。

```
/ $ mount -t proc proc proc
/ $ ps
PID   USER     TIME  COMMAND
    1 root 0:00 sh
    6 root      0:00 ps
/ $ exit
vagrant@myhost:~$
```

コンテナのホスト名を分離するよりも複雑ですが、PID namespaceの作成、rootディレクトリの変更、プロセス情報を処理するための疑似ファイルシステムのマウントを組み合わせることで、コンテナを制限して自分自身のプロセスのみを表示できます。

次はmount namespaceを見てみましょう。

4.6 mount namespace

一般的に、コンテナにはホストとまったく同じファイルシステムのマウントを持たせたくないものです。コンテナに独自のmount namespaceを指定して、この分離を実現します。

以下は、独自のmount namespaceを持つプロセスに対してシンプルなバインドマウントを作成する例です。

```
vagrant@myhost:~$ sudo unshare --mount sh
$ mkdir source
$ touch source/HELLO
$ ls source
HELLO
$ mkdir target
$ ls target
$ mount --bind source target
$ ls target
HELLO
```

バインドマウントができると、sourceディレクトリの内容もtargetで利用できるようになります。プロセスの中にはたくさんのマウントがありますが、次のコマンドで作成したターゲットを見つけます。

```
$ findmnt target
   TARGET     SOURCE                          FSTYPE OPTIONS
   /home/vagrant/target
              /dev/mapper/vagrant--vg-root[/home/vagrant/source]
                                              ext4   rw,relatime,errors=remount-➡
                                                     ro,data=ordered
```

ホストからこのマウントは見えません。別のターミナルから同じコマンドを実行すると、何も返さないことが確認できます。

mount namespaceの中でfindmntをもう一度、今度はパラメータなしで実行してみると、長いリストが表示されます。ホスト上のすべてのマウントをコンテナが見ることができるのは奇妙に思うかもしれません。これはPID namespaceで見たものと非常によく似た状況です。カーネルは/proc/<PID>/mountsファイルを使用して、各プロセスのマウントポイントに関する情報を伝達します。もし、独自のmount namespaceを持つプロセスを作成し、それがホストの/procディレクトリを使用している場合、その/proc/<PID>/mountsファイルが既存のホストマウントをすべて含んでいることがわかります（このファイルをcatコマンドで参照すれば、ホストのマウントを確認できます）。

完全に分離されたマウントセットを取得するには、新たにmount namespaceとrootファイルシステムを作成し、procをマウントする必要があります。

```
vagrant@myhost:~$ sudo unshare --mount chroot alpine sh
/ $ mount -t proc proc proc
/ $ mount
proc on /proc type proc (rw,relatime)
/ $ mkdir source
/ $ touch source/HELLO
/ $ mkdir target
/ $ mount --bind source target
/ $ mount
proc on /proc type proc (rw,relatime)
/dev/sda1 on /target type ext4 (rw,relatime,data=ordered)
```

Alpine Linuxには`findmnt`コマンドがないので、この例ではマウントのリストを生成するために、パラメータなしのmountを使用しています。

`docker run -v <ホストディレクトリ>:<コンテナディレクトリ> ...`を使用すると、ホストディレクトリをコンテナにマウントできます。これを実現するには、コンテナのrootファイルシステムを配置した後、ターゲットコンテナディレクトリを作成し、ソースホストディレクトリをそのターゲットにバインドマウントします。各コンテナは独自のmount namespaceを持っているため、このようにマウントされたホストディレクトリは他のコンテナからは見えません。

Memo

ホストに見えるマウントを作成した場合、「コンテナ」プロセスが終了しても自動的にクリーンアップされません。umountを使用してマウントを解除する必要があります。これは、/proc疑似ファイルシステムにも当てはまります。悪影響はありませんが、整理のため`umount proc`で解除することもできます。ただし、ホストのシステムが使用している/procは解除できません。

4.7 network namespace

network namespaceを使えば、コンテナはネットワークインタフェースとルーティングテーブルの独立したビューを持つことができます。独自のnetwork namespaceを持つプロセスを作成したときは、lsnsでnetwork namespaceの詳細を確認できます。

```
vagrant@myhost:~$ sudo lsns -t net
        NS TYPE NPROCS PID USER    NETNSID NSFS COMMAND
4026531992 net      93   1 root unassigned      /sbin/init
vagrant@myhost:~$ sudo unshare --net bash
root@myhost:~$ lsns -t net
        NS TYPE NPROCS   PID USER    NETNSID NSFS COMMAND
4026531992 net      92     1 root unassigned      /sbin/init
4026532192 net       2 28586 root unassigned      bash
```

Memo

ここではip netnsコマンドはあまり役に立ちません。というのも、unshare --netを使用すると、匿名のnetwork namespaceが作成されるため、ip netns listの出力に表示されないのです。

プロセスを独自のnetwork namespaceに置くと、最初はループバックインタフェースだけが作成された状態となります。

```
vagrant@myhost:~$ sudo unshare --net bash
root@myhost:~$ ip a
1: lo: <LOOPBACK> mtu 65536 qdisc noop state DOWN group default qlen 1000
    link/loopback 00:00:00:00:00:00 brd 00:00:00:00:00:00
```

ループバックインタフェースのみでは、コンテナは通信できません。外への通信経路を与えるために、仮想イーサネットインタフェース、より厳密には仮想イーサネットインタフェースのペアを作成します。これは、コンテナのnamespaceとデフォルトのnetwork namespaceを接続する、ケーブルの両終端のように動作します。

別のターミナルでrootとしてログインすれば、次のようにプロセスIDに関連付けられた匿名のnamespaceを指定して、仮想イーサネットのペアを作成できます。

```
root@myhost:~$ ip link add ve1 netns 28586 type veth peer name ve2 netns 1
```

- ip link addは、リンクを追加することを示します。
- ve1は、仮想イーサネット「ケーブル」の片方の「終端」の名前です。
- netns 28586は、この終端がプロセスID 28586（本節の最初の実行例、lsns -t netの出力にあります）と関連付けられたnetwork namespaceに「接続」されていることを示します。
- type vethは、これが仮想イーサネットペアであることを示しています。
- peer name ve2は、「ケーブル」のもう片方の終端の名前を示しています。
- netns 1は、この2番目の終端がプロセスID 1に関連付けられたnetwork namespaceに「接続」することを指定します。

これでve1仮想イーサネットインタフェースがコンテナのプロセス内部から見えるようになりました。

```
root@myhost:~$ ip a
1: lo: <LOOPBACK> mtu 65536 qdisc noop state DOWN group default qlen 1000
    link/loopback 00:00:00:00:00:00 brd 00:00:00:00:00:00
2: ve1@if3: <BROADCAST,MULTICAST> mtu 1500 qdisc noop state DOWN group ...
    link/ether 7a:8a:3f:ba:61:2c brd ff:ff:ff:ff:ff:ff link-netnsid 0
```

リンクが「DOWN」状態になっており、使用する前にリンクを立ち上げなければなりません。これには接続の両終端を立ち上げる必要があります。

ホストのve2終端を、以下のように立ち上げます。

```
root@myhost:~$ ip link set ve2 up
```

同様にコンテナ内のve1終端を立ち上げると、リンクが「UP」状態に移行するはずです。

```
root@myhost:~$ ip link set ve1 up
root@myhost:~$ ip a
1: lo: <LOOPBACK> mtu 65536 qdisc noop state DOWN group default qlen 1000
    link/loopback 00:00:00:00:00:00 brd 00:00:00:00:00:00
2: ve1@if3: <BROADCAST,MULTICAST,UP,LOWER_UP> mtu 1500 qdisc noqueue ➡
state UP ...
    link/ether 7a:8a:3f:ba:61:2c brd ff:ff:ff:ff:ff:ff link-netnsid 0
    inet6 fe80::788a:3fff:feba:612c/64 scope link
       valid_lft forever preferred_lft forever
```

IPトラフィックを送信するには、そのインタフェースに関連付けられたIPアドレスが必要です。次のように、コンテナ内でIPアドレスをve1に追加します。

```
root@myhost:~$ ip addr add 192.168.1.100/24 dev ve1
```

ホストでも同様に設定します。

```
root@myhost:~$ ip addr add 192.168.1.200/24 dev ve2
```

これは、コンテナ内のルーティングテーブルにIP経路を追加する効果もあります。

```
root@myhost:~$ ip route
192.168.1.0/24 dev ve1 proto kernel scope link src 192.168.1.100
```

本節の冒頭で述べたように、network namespaceはインタフェースとルーティングテーブルの両方を分離するので、このルーティング情報はホスト上のIPルーティングテーブルとは独立しています。この時点で、コンテナは192.168.1.0/24アドレスにのみトラフィックを送信できるようになりました。これをテストするには、コンテナ内からリモートエンドポイントにpingを実行します。

```
root@myhost:~$ ping 192.168.1.200
PING 192.168.1.200 (192.168.1.200) 56(84) bytes of data.
64 bytes from 192.168.1.200: icmp_seq=1 ttl=64 time=0.355 ms
64 bytes from 192.168.1.200: icmp_seq=2 ttl=64 time=0.035 ms
^C
```

第10章では、ネットワークとコンテナのネットワークセキュリティについてさらに掘り下げていきます。

4.8 user namespace

user namespaceは、プロセスがユーザーおよびグループIDの独自のビューを持てるようにします。プロセスIDと同じく、ユーザーとグループはホスト上に存在しますが、異なるIDを持つことができます。この仕組みが便利なのは、コンテナ内のID 0のrootユーザーを、ホスト上の非rootユーザーにマッピングできることです。これはセキュリティの観点から非常に大きな利点となります。コンテナ内でソフトウェアをrootユーザーとして実行していても、コンテナからホストに侵入した攻撃者は、特権を持たない非rootユーザーIDを持つことになるのです。第9章で説明するように、コンテナの設定ミスによってホストへの容易な侵入を許してしまうことは十分に考えられます。user namespaceを使用することで、ホストの乗っ取りを阻止できる可能性は高まります。

Memo

本書執筆時点では、user namespaceはまだ特に一般的に使われているわけではありません。Dockerではこの機能はデフォルトで有効になっておらず（091ページの「Dockerにおけるuser namespaceの制限」を参照）、Kubernetesでも議論されている●ものの、サポートされていません。

● Add support for user namespaces · Issue #127 · kubernetes/enhancements · GitHub
https://github.com/kubernetes/enhancements/issues/127

一般的に、新しいnamespaceを作成するにはrootユーザーになる必要があり、そのためDockerデーモンはrootユーザーで実行されますが、user namespaceは例外です。

```
vagrant@myhost:~$ unshare --user bash
nobody@myhost:~$ id
uid=65534(nobody) gid=65534(nogroup) groups=65534(nogroup)
nobody@myhost:~$ echo $$
31196
```

新しいuser namespaceの内部では、ユーザーIDはnobodyになります。このため、**図4-2**に示すように、namespaceの内側と外側のユーザーIDの対応付けを行う必要があります。

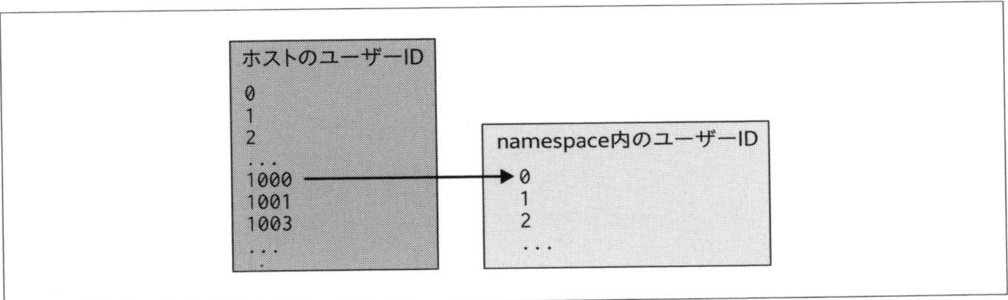

図4-2　ホスト上の非rootユーザーをコンテナ内のrootユーザーにマッピングする

このマッピングは/proc/<pid>/uid_mapに存在し、ホスト上のroot権限で編集できます。このファイルには3つのフィールドがあります。

- 子プロセスから見たマッピングする最小ID
- ホスト上でマッピングされるべき最小ID
- マッピングされるIDの数

ここで、vagrantのユーザーIDは1000とします。子プロセスの中でvagrantにrootユーザーIDの0を割り当てるには、最初の2つのフィールドを0と1000にします。最後のフィールドは1つのIDだけをマッピングしたい場合（コンテナ内にユーザーを一人だけにしたい場合など）、1にできます。以下は、そのマッピングを設定するために使用したコマンドです。

```
vagrant@myhost:~$ sudo echo '0 1000 1' > /proc/31196/uid_map
```

user namespace内で、プロセスは即座にrootユーザーIDを取得します。

bashプロンプトがまだ「nobody」と表示されていても気にしないでください。新しいシェルを起動したときに実行されるスクリプト（~/.bash_profileなど）を再実行しない限り、表示は更新されません。

```
nobody@myhost:~$ id
uid=0(root) gid=65534(nogroup) groups=65534(nogroup)
```

子プロセスの内部で使用されるグループについても、同様のマッピング処理が行われます。

このプロセスは、現在、権限の強いcapabilityで実行されています。

```
nobody@myhost:~$ capsh --print | grep Current
Current: = cap_chown,cap_dac_override,cap_dac_read_search,cap_fowner,➡
cap_fsetid,
cap_kill,cap_setgid,cap_setuid,cap_setpcap,cap_linux_immutable,
cap_net_bind_service,cap_net_broadcast,cap_net_admin,cap_net_raw,cap_➡
ipc_lock,
cap_ipc_owner,cap_sys_module,cap_sys_rawio,cap_sys_chroot,cap_sys_ptrace,
cap_sys_pacct,cap_sys_admin,cap_sys_boot,cap_sys_nice,cap_sys_resource,
cap_sys_time,cap_sys_tty_config,cap_mknod,cap_lease,cap_audit_write,
cap_audit_control,cap_setfcap,cap_mac_override,cap_mac_admin,cap_syslog,
cap_wake_alarm,cap_block_suspend,cap_audit_read+ep
```

第2章で説明したように、capabilityはプロセスにさまざまなパーミッションを付与します。新しいuser namespaceを作成すると、カーネルはそのプロセスにすべてのcapabilityを与えます。これはnamespace内の疑似rootユーザーが、他のnamespaceの作成、ネットワークの設定など、コンテナ実行に必要なすべての操作を行うことを可能にします。

複数の新しいnamespaceを持つプロセスを作成する場合、user namespaceが最初に作成され、プロセスは他のnamespaceを作成可能にするcapabilityを持つようになります。

```
vagrant@myhost:~$ unshare --uts bash
unshare: unshare failed: Operation not permitted
vagrant@myhost:~$ unshare --uts --user bash
nobody@myhost:~$
```

user namespaceを利用することで、非特権ユーザーがコンテナ化されたプロセス内で事実上rootユーザーになることができます。この仕組みを使えば、第9章で説明するように、一般ユーザーは**rootlessコンテナ**という概念を用いてコンテナを実行できます。

user namespaceは、「本当の」rootユーザーとして実行する必要のあるコンテナが少なくなるため、セキュリティ上の利点があるというのが一般的な見解です。しかし、user namespaceの移行中に特権が不正に変換される脆弱性（たとえばCVE-2018-18955[5]）がいくつか発見されています。Linuxカーネルは複雑なソフトウェアであり、人々がその中に脆弱性などの問題を見つけることを想定しておく必要があります。

Dockerにおけるuser namespaceの制限

Dockerではuser namespaceの使用を有効化できますが、Dockerユーザーが行ういくつかの操作と互換性がないため、デフォルトでは有効になっていません。

また、他のコンテナランタイムでuser namespaceを使用している場合も次のような影響があります。

- プロセスIDやnetwork namespaceをホストと共有できません。
- コンテナ内でプロセスがrootユーザーとして実行されていても、実際には完全なroot権限を持っているわけではありません。たとえば、CAP_NET_BIND_SERVICEを持っていないので、小さい番号のポートにバインドできません（Linuxのcapabilityに関する詳細は第2章の2.3節を参照してください）。
- コンテナ化されたプロセスがファイルを操作する場合、適切なパーミッションが必要になります（たとえば、ファイルを変更するには書き込みアクセスが必要です）。ファイルがホストからマウントされている場合、重要なのはホスト上の有効なユーザーIDです。これは、コンテナ内からの不正アクセスからホストのファイルを保護するという点ではメリットですが、たとえば、コンテナ内のrootユーザーがファイルの変更を許可されていない場合、混乱する可能性があります。

---

[5] https://nvd.nist.gov/vuln/detail/CVE-2018-18955

4.9 IPC namespace

Linuxでは、異なるプロセス間で、共有メモリへのアクセスや、共有メッセージキューを使って通信できます。この仕組みを**プロセス間通信**（Inter Process Communication：**IPC**）といいます。IPCを利用するには、2つのプロセスが同じIPC namespaceのメンバーである必要があります。

通常、コンテナ同士は互いの共有メモリにアクセスできないため、コンテナに独自のIPC namespaceを与えてメモリにアクセスできるようにします。

この動作は、共有メモリブロックを作成し、ipcsコマンドで現在のIPCの状態を見ることで確認できます。

```
$ ipcmk -M 1000
Shared memory id: 98307
$ ipcs

------ Message Queues --------
key        msqid      owner      perms      used-bytes   messages

------ Shared Memory Segments --------
key        shmid      owner      perms      bytes        nattch     status
0x00000000 0          root       644        80           2
0x00000000 32769      root       644        16384        2
0x00000000 65538      root       644        280          2
0xad291bee 98307      ubuntu     644        1000 0

------ Semaphore Arrays --------
key        semid      owner      perms      nsems
0x000000a7 0          root       600        1
```

この例では、新しく作成された共有メモリブロック（shmid列にIDが出力されている）が、「Shared Memory Segments」の最後の項目として表示されています。rootユーザーによって作成されたIPCオブジェクトもいくつか存在しています。

独自のIPC namespaceを持つプロセスには、これらのIPCオブジェクトは表示されません。

```
$ sudo unshare --ipc sh
$ ipcs

------ Message Queues --------
key        msqid      owner      perms      used-bytes   messages

------ Shared Memory Segments --------
key        shmid      owner      perms      bytes      nattch     status

------ Semaphore Arrays --------
key        semid      owner      perms      nsems
```

4.10 cgroup namespace

最後はcgroup namespaceです。これはcgroupファイルシステムのchrootのようなもので、プロセスが自分のcgroupよりも上位のcgroupディレクトリの設定を閲覧できないようにするものです。

Memo

ほとんどのnamespaceはLinuxカーネルのバージョン3.8までに追加されましたが、cgroup namespaceはバージョン4.6で追加されました。比較的古いディストリビューション（Ubuntu 16.04など）を使用している場合、この機能はサポートされていません。Linuxホストのカーネルバージョンはuname -rコマンドで確認できます。

cgroup namespaceの外側と内側で/proc/self/cgroupの内容を比較すれば、cgroup namespaceの動作を確認できます。

```
vagrant@myhost:~$ cat /proc/self/cgroup
12:cpu,cpuacct:/
11:cpuset:/
```

```
10:hugetlb:/
9:blkio:/
8:memory:/user.slice/user-1000.slice/session-51.scope
7:pids:/user.slice/user-1000.slice/session-51.scope
6:freezer:/
5:devices:/user.slice
4:net_cls,net_prio:/
3:rdma:/
2:perf_event:/
1:name=systemd:/user.slice/user-1000.slice/session-51.scope
0::/user.slice/user-1000.slice/session-51.scope
vagrant@myhost:~$
vagrant@myhost:~$ sudo unshare --cgroup bash
root@myhost:~# cat /proc/self/cgroup
12:cpu,cpuacct:/
11:cpuset:/
10:hugetlb:/
9:blkio:/
8:memory:/
7:pids:/
6:freezer:/
5:devices:/
4:net_cls,net_prio:/
3:rdma:/
2:perf_event:/
1:name=systemd:/
0::/
```

ここまで、さまざまなタイプのnamespaceと、それらがchrootとともにどのように使用され、プロセスの周囲のビューを分離するのかを見てきました。これを前章で学んだcgroupと組み合わせると、「コンテナ」の作成に必要なすべての要素を理解できるはずです。

次章に進む前に、コンテナを実行するホストの視点からコンテナを見てみましょう。

4.11 ホストから見たコンテナプロセス

コンテナと呼ばれていますが、「コンテナ化されたプロセス」という表現のほうが正確かもしれません。コンテナはホストマシン上で動作するLinuxプロセスですが、ホスト情報の表示は制限され、ファイルシステムのサブツリーや、cgroupによって制限された範囲のリソースにのみアクセスできます。単なるプロセスであるため、ホストOSのコンテキスト内に存在し、**図4-3**に示すように、ホストのカーネルを共有します。

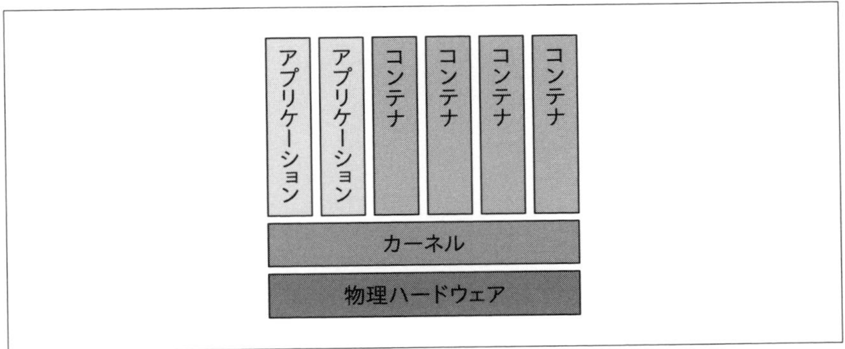

図4-3　コンテナはホストのカーネルを共有する

次章では、コンテナと仮想マシンの比較を行います。ですがその前に、コンテナ化されたプロセスがホストや、そのホスト上の他のコンテナ化されたプロセスからどの程度隔離されているか、Docker上でより詳細に検証してみましょう。Ubuntu（またはお好みのLinuxディストリビューション）をベースにしたコンテナでシェルを起動し、次のように少し長めの時間（1000秒）を与えてsleepを実行します。

```
$ docker run --rm -it ubuntu bash
root@1551d24a $ sleep 1000
```

sleepコマンドはコンテナ内のプロセスとして実行されていることに注意してください。sleepコマンドの最後でEnterキーを押すと、Linuxが新しいプロセスIDで新しいプロセスをクローンし、そのプロセス内でsleepコマンドの実行がトリガーされます。

sleepプロセスをバックグラウンドで実行することも可能です（Ctrl-Zキーの押下でプロセスを一時停止し、bg %1でバックグラウンド処理になります）。ここでは、コンテナ内でpsを実行し、コンテナから見たsleepプロセスを確認します。

```
me@myhost:~$ docker run --rm -it ubuntu bash
root@ab6ea36fce8e:/$ sleep 1000
^Z
[1]+  Stopped                 sleep 1000
root@ab6ea36fce8e:/$ bg %1
[1]+ sleep 1000 &
root@ab6ea36fce8e:/$ ps
  PID TTY          TIME CMD
    1 pts/0    00:00:00 bash
   10 pts/0    00:00:00 sleep
   11 pts/0    00:00:00 ps
root@ab6ea36fce8e:/$
```

sleepコマンドがまだ実行されている間に、同じホストで別のターミナルを開き、ホストから見たsleepプロセスを確認してみてください。

```
me@myhost:~$ ps -C sleep
  PID TTY          TIME CMD
30591 pts/0    00:00:00 sleep
```

ここではpsコマンドに-C sleepパラメータを付与し、sleepコマンドを実行しているプロセスのみを表示しています。

コンテナには独自のPID namespaceがあるため、コンテナ内で実行したプロセスのIDには小さい数字が割り当てられます。しかし、ホストから見ると、sleepプロセスは大きい数字のプロセスIDを割り当てられています。先ほどの例では、ホストではsleepプロセスのIDは30591、コンテナでは10です（同一マシン上で動作する他のプロセスがある場合、プロセスIDはかなり大きい数字になることがあります）。

コンテナの分離レベルの理解で重要なのは、コンテナ内とホスト上でプロセスIDが異なっていても、どちらも**同じプロセス**を指していることです。ホストから見ると、コンテナ内のプロセスはプロセスIDが大きいだけで同じものだと認識しています。

コンテナ内のプロセスがホストから見えるという事実は、コンテナと仮想マシンの根本的な違いの1つです。ホストにアクセスした攻撃者は、**そのホスト上で実行されているすべてのコンテナ**を参照でき、（特に、rootアクセス権を持っている場合は）悪影響を与えることができます。また、第9章で説明するように、攻撃者が侵入したコンテナからホストに移動することを可能にするような抜け道がいくつかあります。

4.12 コンテナのホストマシン

これまで見てきたように、コンテナとそのホストはカーネルを共有しています。これは、コンテナのホストマシンに関するベストプラクティスを考えるうえで重要なポイントです。ホストが侵害された場合、そのホスト上のすべてのコンテナは潜在的な攻撃の被害者となります。特に、攻撃者がroot権限またはその他の昇格した権限（Dockerコンテナを管理する、dockerグループのメンバーであるなど）を獲得している場合は、セキュリティリスクが高まります。

コンテナアプリケーションは、専用のホストマシン（VMであれベアメタルであれ）で実行することが強く推奨されており、その理由は主にセキュリティに関連しています。

- コンテナを実行するためにオーケストレータを使用することは、人間がホストへのアクセスをほとんど、あるいはまったく必要としないことを意味します。他のアプリケーションを実行しないのであれば、ホストマシン上で必要なユーザーIDの数は非常に少なくなります。これらのユーザーID

は管理が容易であり、未承認のユーザーでログインしようとする試みを検知しやすくなります。

- Linuxコンテナを実行するためのホストOSには、どのようなLinuxディストリビューションでも使用できますが、コンテナを実行するために特別に設計された「Thin OS」ディストリビューションがいくつか存在します。これらは、コンテナの実行に必要なコンポーネントのみを搭載することで、ホストの攻撃対象領域を縮小しています。たとえば、RancherOS 監注2、Red HatのFedora CoreOS、VMwareのPhoton OSなどです。ホストマシンに含まれるコンポーネントが少なければ、それらのコンポーネントに脆弱性（第7章参照）が存在する可能性も低くなります。
- クラスタ内のすべてのホストマシンは同じ設定を共有でき、アプリケーション固有の要件はありません。これにより、ホストマシンのプロビジョニングの自動化が容易になり、ホストマシンをイミュータブル（不変的）に扱えるようになります。ホストマシンにアップグレードが必要な場合は、パッチを適用するのではなく、クラスタから削除し、新しくインストールしたマシンと置き換えます。ホストをイミュータブルに扱うことで、侵入を容易に発見できます。イミュータブルであることの利点については、第6章で改めて説明します。

Thin OSを使用すると、設定オプションの数が減りますが、完全になくなるわけではありません。たとえば、コンテナランタイム（おそらくDocker）とオーケストレータコード（おそらくKubernetes kubelet）が各ホスト上で実行されることになります。これらのコンポーネントには多数の設定があり、その中にはセキュリティに影響を与えるものもあります。Center for Internet Security（CIS）❻は、Docker、Kubernetes、Linuxなど、さまざまなソフトウェアコンポーネントの設定と、実行に関するベストプラクティスのベンチマークを公開しています。

エンタープライズ環境では、ホストを保護するために、脆弱性や懸念される構成設定についてレポートを作成するコンテナセキュリティソリューションの

監注2 すでにメンテナンスが終了しています。https://github.com/rancher/os

❻ https://www.cisecurity.org/

導入も検討してください。また、ホストレベルでのログインとログイン試行に関する、ログとアラートも必要です。

4.13 まとめ

本章では、プロセスのホストリソースへのアクセスを制限するために使用される、Linux カーネルが持つ3つの重要な仕組みを見てきました。

- namespace は、プロセスが参照できる範囲を制限します。たとえば、コンテナにホストから分離された PID を与えることで、コンテナ内で参照できる PID を制限します。
- root ディレクトリを変更することで、コンテナから参照できるファイルやディレクトリを制限します。
- cgroup は、コンテナがアクセスできるリソースを制御します。

第1章で説明したように、あるワークロードを別のワークロードから分離することは、コンテナセキュリティにおいて非常に重要です。このとき、特定のホスト上のすべてのコンテナ（それが仮想マシンであれベアメタルサーバーであれ）が同じカーネルを共有していることに関しては十分に認識しておく必要があります。もちろん、異なるユーザーが同じマシンにログインしてアプリケーションを直接実行できるマルチユーザーシステムでも同じことが言えます。ただし、マルチユーザーシステムでは、管理者が各ユーザーに与える権限を制限することが多く、すべてのユーザーに root 権限を与えることはないでしょう。コンテナの場合、少なくとも本稿執筆時点では、デフォルトですべて root として実行されます。コンテナ間の分離は、namespace、root ディレクトリの変更、cgroup によって提供されるセキュリティ境界に依存しています。

Memo

コンテナの仕組みがわかったところで、Jess Frazelleのサイト(https://contained.af/)で、コンテナがどれほど効果的なものかを調べてみてはいかがでしょうか。

第8章では、コンテナのセキュリティ境界を強化するためのオプションを紹介しますが、まずは次章で仮想マシンの仕組みについて掘り下げてみましょう。これにより、特にセキュリティの観点から、コンテナ間の分離とVM間の分離の強度を比較できるようになります。

Chapter

5

仮想マシン

特に分離に関して、コンテナは仮想マシン（VM）とよく比較されます。VMとコンテナの違いをきちんと説明するには、VMがどのように動作するかをしっかり理解しておく必要があります。この知識は、アプリケーションをコンテナや異なるVMで実行した場合のセキュリティ境界を評価する際に特に役立ちます。また、コンテナとVMとの違いを理解しておくことは、セキュリティの観点からコンテナのメリットを議論する場合にも有益です。

実際のところ、両者に本当に明確な違いがあるわけではありません。第8章で説明するように、コンテナの分離境界を強化し、コンテナをよりVMに近づけるサンドボックスツールがいくつか存在します。これらのアプローチによるセキュリティ上の長所と短所を理解したい場合は、VMと「通常の」コンテナの違いをしっかりと理解することから始めるとよいでしょう。

両者の基本的な違いは、VMはカーネルを含むOS全体のコピーを実行するのに対し、コンテナはホストマシンのカーネルを共有するという点です。その意味を理解するためには、仮想マシンがどのように作成され、仮想マシンモニター（Virtual Machine Monitor：VMM）によって管理されるかについて知っておく必要があります。コンピュータが起動するときに何が起こるかを考えていきましょう。

5.1 マシンの起動

物理サーバーを想像してみてください。このサーバーには、CPU、メモリ、ネットワークインタフェースが搭載されています。最初にマシンを起動すると、BIOS（Basic Input Output System）と呼ばれる初期プログラムが実行されます。BIOSは利用可能なメモリの量を調べます。次に、ネットワークインタフェースを識別し、ディスプレイ、キーボード、接続されたストレージデバイスなど、その他のデバイスを特定します。

実際には、この機能の多くは、UEFI（Unified Extensible Firmware Interface）に置き換えられていますが、ここではBIOSが動作していると考えることにします。

ハードウェアが列挙されると、システムはブートローダーを実行し、OSのカーネルコードを読み込み、実行します。OSは、Linux、Windows、あるいはその他のOSである可能性があります。第2章で見たように、カーネルコードはアプリケーションコードよりも高い特権レベルで動作します。特権レベルのカーネルコードはメモリやネットワークインタフェースなどと対話できますが、ユーザー空間で実行されているアプリケーションは直接対話することはできません。

x86プロセッサでは、特権レベルは階層的に整理されており、リング0の特権が最も高く、リング3が最も低い特権です。通常のセットアップ（VMなし）のほとんどのOSでは、**図5-1**に示すように、カーネルはリング0、ユーザー空間のコードはリング3で実行されます。

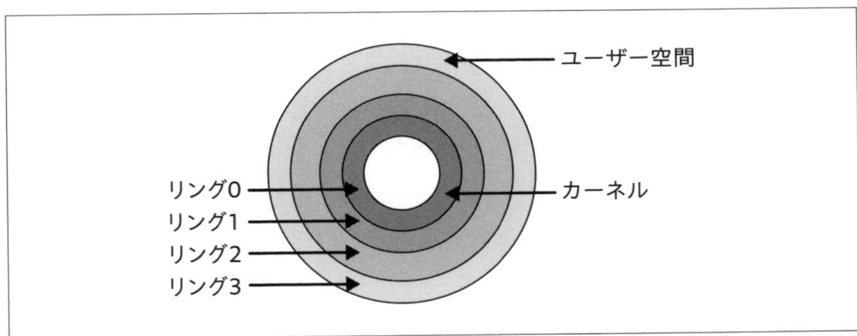

図5-1　リングプロテクション

カーネルコードは（他のコードと同様に）マシンコード命令の形でCPU上で動作し、これらの命令にはメモリにアクセスするための特権命令、CPUスレッドの開始などが含まれることがあります。カーネル初期化時の挙動の詳細は本書の対象外ですが、基本的にはrootファイルシステムをマウントし、ネットワークをセットアップし、あらゆるシステムデーモンを起動することを目的としています。詳細について知りたい方は、GitHubにあるブートストラッププロセスを含むLinuxカーネル内部に関する情報[1]を参照してください。

[1] https://github.com/0xAX/linux-insides

カーネルは自身の初期化を終えると、ユーザー空間上にあるプログラムを実行できるようになります。カーネルは、ユーザー空間上にあるプログラムが必要とするすべてのものを管理する責任を負っています。プログラムが実行されるCPUスレッドを起動、管理、スケジュールし、プロセスが表す独自のデータ構造によってスレッドを追跡します。カーネルが持つ重要な機能の1つはメモリ管理です。カーネルは、各プロセスにメモリブロックを割り当て、プロセスが互いのメモリブロックにアクセスできないようにします。

5.2 VMMの世界へ

前節で説明したように、通常のセットアップでは、カーネルがマシンのリソースを直接管理します。仮想マシンの世界では仮想マシンモニター（Virtual Machine Monitor：VMM）がリソース管理の第一線を担い、リソースを分割して仮想マシンに割り当てます。各仮想マシンは、それぞれカーネルを取得します。

VMMは、管理する仮想マシンごとにメモリとCPUのリソースを割り当て、仮想ネットワークインタフェースやその他の仮想デバイスをセットアップし、これらのリソースにアクセスできるゲストカーネルを起動します。

通常のサーバーでは、BIOSはマシン上で利用可能なリソースの詳細をカーネルに与えます。仮想マシンでは、VMMはこれらのリソースを分割することで、各ゲストカーネルにアクセスを許可されたサブセットの詳細のみを与えます。ゲストOSから見ると、物理メモリやデバイスに直接アクセスしているように見えますが、実際にはVMMが提供する抽象化されたものにアクセスしているのです。

VMMは、ゲストOSとそのアプリケーションが、割り当てられたリソースの境界を越えられないようにする必要があります。たとえば、ゲストOSにはホストマシン上のメモリ範囲が割り当てられています。ゲストがなんらかの方法でその範囲外のメモリにアクセスしようとしても阻止されます。

VMMには大きく分けて2つのタイプがあり、「Type 1」「Type 2」と呼ばれています。なお、この2つは明確に区別するのが難しいグレーゾーンが存在します。

Type 1 VMM（ハイパーバイザ）

通常のシステムでは、ブートローダーはLinuxやWindowsのようなOSのカーネルを実行します。純粋なType 1の仮想マシン環境では、代わりに専用のカーネルレベルのVMMプログラムが実行されます。

Type 1 VMMは**ハイパーバイザ**という名前でも知られており、Hyper-V❷、Xen❸、ESX/ESXi❹などがその例です。**図5-2**でわかるように、ハイパーバイザはハードウェア（または「ベアメタル」）上で直接動作し、その下にOSはありません。

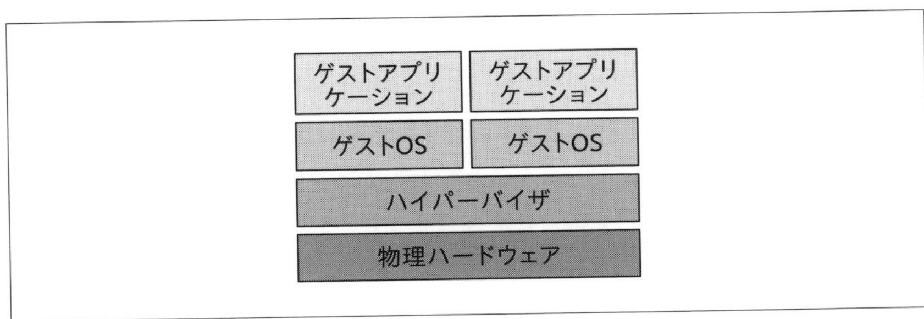

図5-2　ハイパーバイザとしても知られるType 1 VMM

ここで言う「カーネルレベル」とは、ハイパーバイザがリング0で動作することを意味します。ゲストOSカーネルは、**図5-3**に示すようにリング1で実行され、ハイパーバイザよりも低い権限を持つことを意味します。

❷ https://learn.microsoft.com/en-us/windows-hardware/drivers/network/overview-of-hyper-v
❸ https://xenproject.org/
❹ https://en.m.wikipedia.org/wiki/VMware_ESXi

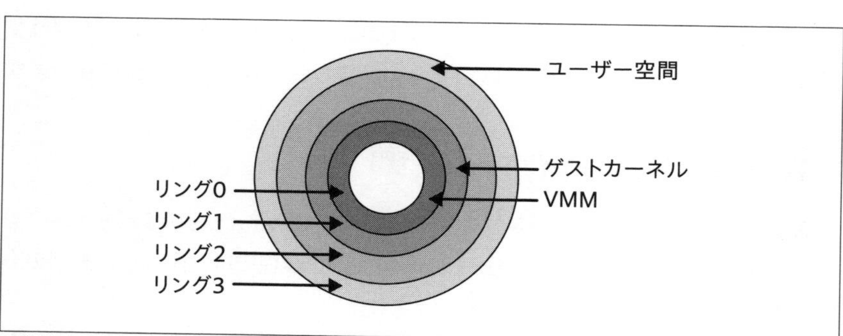

図5-3　ハイパーバイザのリングプロテクション

Type 2 VMM

ノートPCやデスクトップマシン上で仮想マシンを実行する場合、おそらくVirtualBox[5]のようなものを介して利用することになり、それらは「ホストされた」またはType 2のVMになります。ノートPC上では、たとえばmacOSを動かしているかもしれません。つまりmacOSカーネルを動かしているということです。VirtualBoxを別のアプリケーションとしてインストールし、ホストOSと共存するゲストVMを管理することになります。これらのゲストVMは、LinuxまたはWindowsを実行することができます。**図5-4**は、ゲストOSとホストOSがどのように共存しているかを示しています。

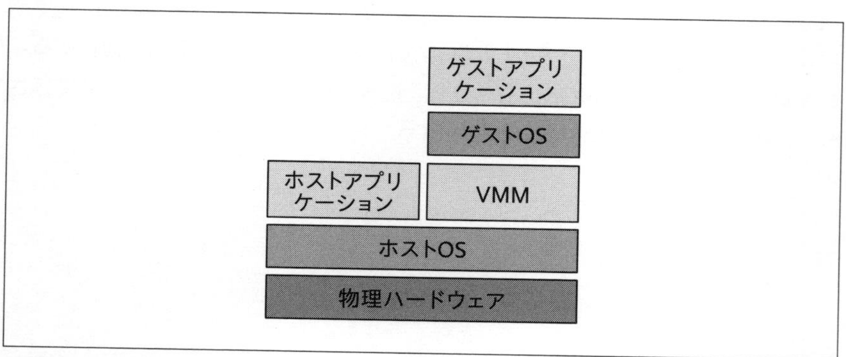

図5-4　Type 2 VMM

5 https://www.virtualbox.org/

ここで、たとえばLinuxをmacOSの中で動かすとはどういうことかを考えてみてください。定義上、これはLinuxカーネルが必要で、それはホストのmacOSカーネルとは異なるカーネルでなければならないことを意味します。

VMMアプリケーションにはユーザーが操作できるユーザー空間のコンポーネントが含まれていますが、仮想化を実装するのに使われる特権的なコンポーネントもインストールされています。これがどのように機能するかについては本章の後半で詳しく説明します。

VirtualBoxと同じような機能を持つ製品として、Parallels❻やQEMU❼などのType 2のVMMがあります。

カーネルベース仮想マシン

Type 1とType 2の境界が曖昧になることは先ほど説明しました。Type 1では、ハイパーバイザはベアメタル上で直接実行され、Type 2では、VMMはホストOS上のユーザー空間で実行されます。ホストOSのカーネル内で仮想マシンマネージャを実行する場合はどうでしょうか。

これは、**図5-5**に示すように、KVM（Kernelbased Virtual Machines）と呼ばれるLinuxカーネルモジュールで実装されています。

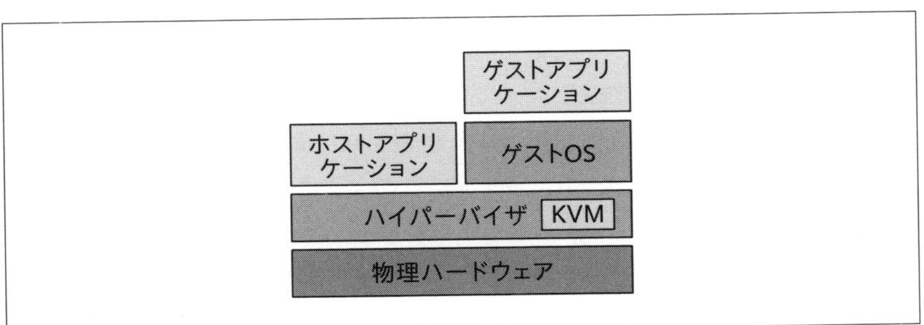

図5-5　KVM

一般にKVMは、ゲストOSがホストOSを横断する必要がないため、Type 1のハイパーバイザとされていますが、この分類は単純化しすぎています。

❻ https://www.parallels.com/jp/
❼ https://en.m.wikipedia.org/wiki/QEMU

KVMは、先ほどType 2のハイパーバイザの例として挙げたQEMU（Quick Emulation）と組み合わせて使われます。QEMUは、ゲストOSのシステムコールをホストOSのシステムコールに動的に変換します。また、KVMが提供するハードウェアアクセラレーションをQEMUが利用できるのも特筆すべき点です。

Type 1とType 2のどちらにせよ、VMMは仮想化を実現するために同様の技術を採用しています。基本的な考え方は「トラップ&エミュレート」と呼ばれるものですが、後述するように、x86プロセッサはこの実装においていくつかの課題を抱えています。

5.3 トラップ&エミュレート

CPUの命令にはリング0でしか実行できない**特権的**なものがあり、上位のリングで実行しようとすると**トラップ**が発生します。トラップは、エラーハンドラを起動するアプリケーションソフトの例外のようなものと考えられます。トラップが発生すると、CPUはリング0のコードにあるハンドラを呼び出すことになります。

もしVMMがリング0で動作し、ゲストOSのカーネルコードがそれより低い特権で動作する場合、ゲストが実行する特権命令はVMM内のハンドラを呼び出してその命令をエミュレートできます。このようにしてVMMは、ゲストOSが特権命令によって互いに干渉しないようにすることができます。

しかし、残念ながら特権命令の優位性は常に維持できるわけではありません。マシンのリソースに影響を与えることができるCPU命令のセットは**センシティブ**（sensitive）と呼ばれます。VMMだけがマシンのリソースを正確に把握できるため、VMMはゲストOSに代わってこれらの命令を処理する必要があります。また、センシティブ命令には、リング0または低特権リングで実行されると異なる動作をする別のクラスがあります。ゲストOSのコードはリング0の動作を想定して書かれているため、この場合もVMMがこれらの命令についてなんらかの対応をする必要があります。

もしすべてのセンシティブ命令が特権命令であれば、VMMプログラマはこれらのセンシティブ命令のトラップハンドラを書けばよいので、比較的簡単に開発できるようになります。残念ながら、すべてのx86のセンシティブ命令が特権を持つわけではないため、VMMはこれらの命令を扱うために異なる技術を使用する必要があります。機密性が高くても特権がない命令は、「仮想化不可能」とみなされます。

5.4 仮想化不可能な命令の取り扱い

このような仮想化不可能な命令を扱うには、いくつかの異なる手法があります。

- **バイナリ変換** …… バイナリ変換を使うと、ゲストOS内の非特権で機密性の高い命令はすべて、VMMによってリアルタイムに検出され、書き換えられます。これは複雑な処理ですが、新しいx86プロセッサはバイナリ変換を単純化するためにハードウェアアシスト仮想化をサポートしています。
- **準仮想化** …… 準仮想化は、ゲストOSをその場で修正するのではなく、仮想化できない命令群を回避するようにゲストOSを書き換え、ハイパーバイザへのシステムコールを効果的に行います。これは、Xenハイパーバイザで使用されている手法です。
- **VMX rootモード** …… ハードウェア仮想化（IntelのVT-xなど）により、ハイパーバイザはVMX rootモードと呼ばれる新しい特別な特権レベルで実行できるようになります。これは実質的にリング1で実行できるということです。このためVMゲストOSのカーネルは、ホストOSである場合と同様にリング0（またはVMX non-rootモード）で実行できるようになります。

Memo

仮想化の仕組みについてより深く知りたい方は、Keith Adams と Ole Agesen●が有益な比較を行い、ハードウェアの強化がどのようにパフォーマンスの向上を可能にするかについて説明しています。

- Keith Adams と Ole Agesen「A Comparison of Software and Hardware Techniques for x86 Virtualization」
https://www.vmware.com/pdf/asplos235_adams.pdf

本節で、仮想マシンがどのように作成され、管理されるかがわかりました。次節では、プロセスあるいはアプリケーションを別のプロセスから分離することについて、そしてこれが何を意味するかを考えてみることにします。

5.5 プロセスの分離とセキュリティ

アプリケーションが互いに安全に分離されていることを確認するのは、セキュリティ上の最大の関心事です。もし私のアプリケーションが、あなたのアプリケーションが使っているメモリを読むことができれば、私はあなたのデータにアクセスできることになります。

物理的な分離は最も強力な分離手段です。もし私とあなたのアプリケーションがそれぞれ別の物理マシンで動いているなら、私のコードがあなたのアプリケーションのメモリにアクセスする方法はありません。

先ほど説明したように、カーネルの役割は各プロセスにメモリを割り当てるなど、そのユーザー空間のプロセスの管理です。あるアプリケーションが、他のアプリケーションに割り当てられたメモリにアクセスできないようにするのはカーネルの役割です。もし、カーネルのメモリ管理方法にバグがあれば、攻撃者はそのバグを利用して、本来到達できないはずのメモリにアクセスできるかもしれません。また、カーネルは長い時間をかけて修正を施され、極めて大規模かつ複雑であり、現在も進化を続けています。本書執筆時点では、カーネルの分離に重大な欠陥は見つかっていませんが、将来、誰かが問題を見つけてくれることに期待するのはお勧めしません。

このような欠陥は、基盤となるハードウェアの高度化によって発生する可能性があります。近年、CPUメーカーは「投機的実行」という仕組みを開発し、プロセッサが現在実行中の命令よりも先に実行し、実際にそのコードが分岐する前に結果がどうなるかを計算するようにしました。これにより大幅な性能向上が可能になりましたが、同時に「Spectre」「Meltdown」という深刻な脆弱性を生み出しました[監注1]。

なぜハイパーバイザはカーネルがプロセスに与えるよりも大きな分離性を仮想マシンに与えると考えられているのか不思議に思うかもしれません。ハイパーバイザに欠陥があると、仮想マシン間の分離に深刻な問題が発生する可能性があることは完全に事実です。しかし、ハイパーバイザの仕事はずっと単純なものです。カーネルでは、ユーザー空間のプロセスはお互いにある程度見えるようになっています。非常に簡単な例としては、psコマンドを実行して同じマシン上で実行中のプロセスを見ることができます。また、(正しいパーミッションが与えられれば) /procディレクトリを見つけ出すことで、これらのプロセスに関する情報にアクセスできます。IPCや共有メモリを通じて、プロセス間でメモリを共有させることができます。あるプロセスが他のプロセスに関する情報を見ることが合法的に許されているこれらの仕組みはすべて、予期しない、あるいは意図しない状況でこのアクセスを許す欠陥の可能性があるため、分離を弱めることになります。

仮想マシンを実行する場合、これと同じようなことはなく、あるマシンのプロセスを別のマシンから見ることはできません。ハイパーバイザは、マシンがメモリを共有するような状況を扱う必要がないため、メモリ管理に必要なコードも少なくて済みます。その結果、ハイパーバイザはフルカーネルよりもはるかに小さく、シンプルなものとなっています。Linuxカーネルのコード行数は2000万行[8]です。Linuxカーネルのコード行数は2000万行を優に超えていますが、これに対してXenハイパーバイザは5万行程度です[9]。

コードが少なく複雑でないところでは、攻撃対象が小さくなり、悪用可能な

監注1 https://meltdownattack.com/

❽ https://www.reddit.com/r/linux/comments/9uxwli/lines_of_code_in_the_linux_kernel/

❾ https://www.theregister.com/2019/04/04/xen_412_release/

欠陥が発生する可能性が低くなります。このような理由から、仮想マシンは強力な分離境界を持つと考えられています。

とはいうものの、仮想マシンの悪用はまったく存在しないということではありません。たとえば、Darshan Tank、Akshai Aggarwal、Nirbhay Chaubeyらは論文[10]で仮想化特有の脆弱性とその解決法について述べており、米国国立標準技術研究所（National Institute of Standards and Technology：NIST）は、仮想化環境を強化するためのセキュリティガイドライン[11]を公開しています。

5.6 仮想マシンのデメリット

この時点で、あなたは仮想マシンの分離の利点に納得を示し、なぜ人々はコンテナを使うのかと疑問に思うかもしれません。VMには、コンテナと比較していくつかのデメリットがあります。

- 仮想マシンの起動時間は、コンテナよりもずっと長くなります。コンテナは単に新しいLinuxプロセスを開始することを意味し、VMのスタートアップと初期化をすべて行う必要はありません。VMの起動時間が比較的遅いということは、オートスケールを行うには低速であることを意味します。言うまでもなく、組織が新しいコードを頻繁に、おそらく1日に複数回デリバリーする場合は、高速な起動時間が重要になります（第8章の8.6節で紹介するAmazonのFirecrackerでは、本書執筆時点では100ミリ秒の単位で動作し、起動が非常に高速なVMを提供しています）。
- コンテナは、開発者に「一度構築すれば、どこでも実行できる」という便

[10] Virtualization vulnerabilities, security issues, and solutions: a critical study and comparison
https://www.researchgate.net/publication/331387774_Virtualization_vulnerabilities_security_issues_and_solutions_a_critical_study_and_comparison

[11] NIST Issues Final Version of Full Virtualization Security Guidelines
https://www.nist.gov/news-events/news/2011/02/nist-issues-final-version-full-virtualization-security-guidelines

利な機能を迅速かつ効率的に提供します。VMのマシンイメージ全体を構築し、それを自分のノートPCで実行することはできますが、非常に時間がかかります。このような理由から、この手法は、コンテナのように開発者コミュニティで普及することはありませんでした。

- 今日のクラウド環境では、仮想マシンを借りる際にCPUとメモリを指定する必要があり、その中で実行されるアプリケーションコードが実際にどれだけ使用されるかにかかわらず、そのリソースに対して料金を支払うことになります。
- 仮想マシンにはカーネルを動かすためのオーバーヘッドがあります。コンテナはカーネルを共有できるため、リソースの使用を減らし、パフォーマンスも良くなります。非常に効率的です。

VMとコンテナのどちらを使用するかを選択する際、パフォーマンス、コスト、利便性、リスク、異なるアプリケーションのワークロード間に必要なセキュリティ境界の強さなどの、各要素間で生じるさまざまなトレードオフを検討する必要があります。

5.7 コンテナの分離とVMの分離の比較

第4章で見たように、コンテナは、単に制限されたビューを持つLinuxプロセスです。これらは、namespace、cgroupに加え、rootファイルシステムの変更というメカニズムを通じて、カーネルによって互いに分離されています。これらのメカニズムは、特にプロセス間の分離を実現するために作成されました。しかし、コンテナがカーネルを共有しているという単純な事実は、ただ分離しただけではVMよりも脆弱性が高いことを意味します。

しかし、すべてを失ったわけではありません。この分離を強化するために、追加のセキュリティ機能やサンドボックス機能を適用できます。また、コンテナがマイクロサービスをカプセル化する傾向があるという事実を利用した非常に効果的なセキュリティツールもあります。

5.8 まとめ

本章では仮想マシンとは何かについて詳しく説明しました。仮想マシン間の分離はコンテナの分離に比べて強力だと考えられている理由、そして一般的にコンテナはハードなマルチテナンシー環境には適していないと考えられている理由もおわかりいただけたと思います。この違いを理解しておくことは、コンテナセキュリティについて議論する際に重要になります。

仮想マシン自体の保護は本書の範囲外ですが、第4章の4.12節「コンテナのホストマシン」でコンテナホスト構成の堅牢化について触れています。

本書の後半では、（仮想マシンに比べて）コンテナの分離が弱いため、設定ミスによって簡単に破られてしまう例をいくつか見ていきます。その前に、コンテナイメージの中身と、イメージがどのようにセキュリティに大きな影響を与えるかについてしっかりと理解しておきましょう。

Chapter

6

コンテナイメージ

Dockerや Kubernetesを使用しているなら、レジストリに格納するコンテナイメージの考え方に馴染みがあるかと思います。本章では、コンテナイメージには何が含まれているのか、Dockerやruncのようなコンテナランタイムがどのようにそれらを使用するかを見ていきます。

コンテナイメージとは何かということを理解できたら、次にコンテナイメージのビルド、格納、取得のセキュリティ上の意味について考えていきます。これらのプロセスに対する攻撃手段は数多く存在します。ここでは、ビルドとイメージがシステム全体を危険にさらさないようにするためのベストプラクティスについて学びます。

6.1 rootファイルシステムとイメージの設定

コンテナイメージには、rootファイルシステムと設定情報の2つの部分があります。

第4章では、Alpine rootファイルシステムのコピーをダウンロードし、これをコンテナ内のrootの実体として使用しました。一般に、コンテナを起動するときは、コンテナイメージからインスタンス化しますが、そのイメージにはrootファイルシステムが含まれています。`docker run -it alpine sh`を実行し、自作したコンテナの中身と比較すると、ディレクトリやファイルのレイアウトは同じで、Alpineのバージョンが同じであれば完全に一致するはずです。

Dockerを通じてコンテナを知ったという人は多いと思いますが、そうであればDockerfileの手順に基づいてイメージをビルドするという考え方には慣れているでしょう。Dockerfileのコマンドには（`FROM`、`ADD`、`COPY`、`RUN`など）イメージに含まれるrootファイルシステムの内容を変更するものがあります。また、`USER`、`PORT`、`ENV`のようなコマンドは、rootファイルシステムと一緒にイメージに格納されている設定情報に影響を与えます。この設定情報は、イメージに対して`docker inspect`を実行すれば参照することができます。この設定情報は、イメージの実行時にデフォルトで設定されるべき実行時パラメータについて、Dockerに伝えます。たとえば、DockerfileのENVコマンドで環境変数を指定すると、コンテナプロセス実行時にその環境変数が定義されます。

6.2 実行時の設定情報の上書き

Dockerでは、コマンドラインパラメータを使って、実行時に設定情報を上書きできます。たとえば、環境変数を変更したり、新たに設定したりする場合は、`docker run -e <VARNAME>=<NEWVALUE> ...`のように実行します。

Kubernetesでは、PodのYAML定義にコンテナのenvを記述します。

```
apiVersion: v1
kind: Pod
metadata:
  name: demo
spec:
  containers:
  - name: demo-container
    image: demo-reg.io/some-org/demo-image:1.0
    env:
    - name: DEMO_ENV
      value: "This overrides the value"
```

イメージ`demo-image:1.0`はDockerfileからビルドされており、`ENV DEMO_ENV="The original value"`という行が含まれている可能性があります。このYAMLはDEMO_ENVの値を上書きし、コンテナがこの変数の値をログに記録すると「`This overrides the value`」と表示します。

KubernetesのデプロイメントにおけるコンテナランタイムがruncのようなOCI準拠のツールの場合、YAML定義からの値は最終的にOCI準拠の`config.json`ファイルに変換されます。次節では、このOCI準拠のコンテナファイルとツールについて、詳しく見ていきましょう。

6.3 OCI標準

OCI（Open Container Initiative）[1]は、コンテナイメージとランタイムに関する標準を定義するために設立されました。OCIはDockerで行われた多くの取り組みからヒントを得ており、Dockerで行われていることと仕様で定義されていることの間には、多くの共通点が存在します。特にOCIの目標は、Dockerのユーザーが期待するようなユーザー体験、たとえばデフォルトの設定値でイメージを実行する機能などをサポートするための標準を確立することでした。OCIの仕様では、コンテナイメージをどのようにビルドし、配布するかを定めたイメージフォーマットも扱っています。

Skopeo[2]は、OCIイメージの操作や検査に便利です。Skopeoを使えば、DockerイメージからOCI形式のイメージを生成できます。

```
$ skopeo copy docker://alpine:latest oci:alpine:latest
$ ls alpine
blobs index.json oci-layout
```

しかし、runcのようなOCIに準拠したランタイムは、このフォーマットのイメージを直接的に扱うことはできません。その代わりに、最初にランタイムファイルシステムバンドル[3]に解凍される必要があります。例として、umoci[4]を使ってイメージを解凍してみましょう。

```
$ sudo umoci unpack --image alpine:latest alpine-bundle
$ ls alpine-bundle
config.json
rootfs
sha256_3bf9de52f38aa287b5793bd2abca9bca62eb097ad06be660bfd78927c1395651
.mtree
```

---

[1] https://opencontainers.org/
[2] https://github.com/containers/skopeo
[3] https://github.com/opencontainers/runtime-spec/blob/main/bundle.md
[4] https://github.com/openSUSE/umoci

```
umoci.json
$ ls alpine-bundle/rootfs
bin etc lib mnt proc run srv tmp var
dev home media opt root sbin sys usr
```

この実行例からもわかるように、このバンドルには、Alpine Linuxディストリビューションの内容を含むrootfsディレクトリが含まれています。また、ランタイムの設定を定義するconfig.jsonファイルもあります。ランタイムは、このrootファイルシステムと設定を使って、コンテナをインスタンス化します。

Dockerを使用している場合、catやテキストエディタで設定情報に直接アクセスできませんが、docker image inspectコマンドを使用すれば、設定情報があることを確認できます。

6.4 イメージの構成

すでに第3章と第4章でコンテナがどのように作成されるかは見てきたので、今度はconfig.jsonファイルを見てみましょう。ここでは、例としてその一部を紹介します。

```
"linux": {
  "resources": {
    "memory": {
      "limit": 1000000
    },
    "devices": [
      {
        "allow": false,
        "access": "rwm"
      }
    ]
  },
  "namespaces": [
    {
```

```
        "type": "pid"
      },
      {
        "type": "network"
      },
      {
        "type": "ipc"
      },
      {
        "type": "uts"
      },
      {
        "type": "mount"
      }
    ]
  }
```

config.jsonファイルに記述された設定情報には、runcがコンテナを作成するために行うべきすべてのこと、cgroupを通して制約すべきリソースのリスト、作成すべきnamespaceの定義が含まれています。

イメージはrootファイルシステムと設定情報の2つの部分から構成されていることがわかりました。次に、イメージがどのようにビルドされるか見ていきましょう。

6.5 イメージのビルド

コンテナイメージのビルドは、docker buildコマンドを使用するのが一般的です。これはDockerfileと呼ばれるファイルの指示に従い、イメージを作成します。ビルドそのものについて説明する前に、なぜdocker buildのセキュリティに関して十分な注意を払う必要があるのかを簡単に説明しておきます。

Memo

Dockerにrootlessモードを実装するための取り組みが進行中ですが、本書執筆時点ではまだ実験的な機能とみなされています（詳細は次項で説明します）監注1。

docker buildの危険性

dockerコマンドを実行するとき、呼び出したコマンドラインツール（docker）はそれ自体ではほとんど何もしません。その代わり、コマンドをAPIリクエストに変換し、Dockerソケットを介してDockerデーモンに送信します。Dockerソケットにアクセスできるプロセスであれば、誰でもデーモンにAPIリクエストを送ることができます。

Dockerデーモンは、コンテナとコンテナイメージの両方を実行および管理します。第4章（088ページ）で説明したように、コンテナを作成するにはデーモンはnamespaceを作成できる必要があるため、rootとして実行する必要があります。

コンテナイメージをビルドし、それをレジストリに格納するために、1台のマシン（または仮想マシン）を専用に使用している状況を想像してください。Dockerのアプローチを使用すると、マシンはデーモンを実行する必要があり、デーモンはビルドやレジストリとのやり取り以外にも多くの機能を持っています。追加のセキュリティツールがなければ、このマシンで`docker build`を起動できるユーザーであれば誰でも`docker run`を実行できます。

好きなコマンドを実行できるだけでなく、この特権を利用して悪意のある行為を行った場合、誰が原因か追跡するのは困難です。ユーザーが行う特定のアクションの監査ログを残すことができますが、Daniel Walshの投稿❺で説明されているように、監査ログにはユーザーのIDではなく、デーモンプロセスのIDが記録されます。

これらのセキュリティリスクを回避するため、Dockerデーモンへ依存せずにコンテナイメージをビルドするための代替ツールがいくつかあります。

監注1 rootlessモードはDocker Engine v20.10から正式にサポートされています。
https://docs.docker.com/engine/security/rootless/

❺ https://opensource.com/article/18/10/podman-more-secure-way-run-containers

デーモンレスビルド

そのようなツールの1つがMobyプロジェクトのBuildKit[6]で、これもrootlessモードで実行できます（すでに周知されていますが、Dockerはプロジェクト名と会社名が同じだったときの混乱を避けるために、オープンソースコードの名前を「Moby」に変更しました）。BuildKitは、先に述べた実験的なDockerのrootlessビルドモードの基礎となるものです。

その他の非特権ビルドを行うツールとして、Red Hatのpodman[7]とbuildah[8]があります。Puja Abbassiのブログ「Building Container Images with Podman and Buildah」[9]ではこの2つを`docker build`と比較しています。

GoogleのBazel[10]は、コンテナイメージだけでなく、他の多くの種類のアーティファクトをビルドできます。Dockerを必要としないだけでなく、同じソースから同じイメージを再現できるように、確定的なイメージを生成することを強みとしています。

Googleは、Dockerデーモンにアクセスすることなく Kubernetesクラスタ内でビルドを実行するためのKaniko[11]というツールも制作しています。

コンテナをビルドするための「デーモンレス」ツールには、他にもJess Frazelleのimg[12]やAleksa Saraiのorca-build[13]があります。

イメージレイヤー

どのツールを使用したとしても、コンテナイメージのビルドの大部分はDockerfileを使って定義されます。Dockerfileは一連の命令を記述し、そのそれぞれがファイルシステム層またはイメージ構成の変更につながります。これはDockerドキュメント「Images and layers」[14]にも記載されていますが、詳し

[6] https://github.com/moby/buildkit
[7] https://podman.io/
[8] https://buildah.io/
[9] https://www.giantswarm.io/blog/building-container-images-with-podman-and-buildah
[10] https://github.com/bazelbuild/rules_docker
[11] https://github.com/GoogleContainerTools/kaniko
[12] https://github.com/genuinetools/img
[13] https://github.com/cyphar/orca-build
[14] https://docs.docker.com/storage/storagedriver/#images-and-layers

く掘り下げたい方は、イメージからDockerfileを再作成した筆者のブログ記事「Spot the Docker difference」[15]を参照してください。

本書執筆時点では、これらのツールの中からデファクトスタンダードとなるものは登場していません。

レイヤーに含まれる機密情報

コンテナイメージにアクセスできる人は、そのイメージに含まれるすべてのファイルにアクセスできます。セキュリティの観点からは、パスワードやトークンなどの機密情報をイメージに含めることは避けたいものです（機密情報をどのように扱うべきかについては第12章で扱います）。

各レイヤーが別々に保存されるということは、後続のレイヤーで削除されたとしても、機密情報を保存しないよう注意しなければならないことを意味します。以下は、不適切な例を示すDockerfileです。

```
FROM alpine
RUN echo "top-secret" > /password.txt
RUN rm /password.txt
```

あるレイヤーでファイルを作成し、次のレイヤーでそれを削除しています。このイメージをビルドして実行すると、password.txtファイルの痕跡は見つからないでしょう。

```
vagrant@vagrant:~$ docker run --rm -it sensitive ls /password.txt
ls: /password.txt: No such file or directory
```

しかし、これにだまされてはいけません。機密情報はまだイメージに含まれています。docker save コマンドでイメージをtarファイルにエクスポートし、そのtarファイルを解凍すれば、このことを証明できます。

```
vagrant@vagrant:~$ docker save sensitive > sensitive.tar
vagrant@vagrant:~$ mkdir sensitive
vagrant@vagrant:~$ cd sensitive
vagrant@vagrant:~$ tar -xf ../sensitive.tar
```

[15] https://medium.com/microscaling-systems/spot-the-docker-difference-9f99adcc4aaf

```
vagrant@vagrant:~/sensitive$ ls
0c247e34f78415b03155dae3d2ec7ed941801aa8aeb3cb4301eab9519302a3b9.json
552e9f7172fe87f322d421aec2b124691cd80edc9ba3fef842b0564e7a86041e
818c5ec07b8ee1d0d3ed6e12875d9d597c210b488e74667a03a58cd43dc9be1a
8e635d6264340a45901f63d2a18ea5bc8c680919e07191e4ef276860952d0399
manifest.json
```

中身を確認すると、これらのファイルやディレクトリがそれぞれ何のためにあるのか、かなり明確になります。

- manifest.jsonは、イメージを記述するトップレベルのファイルです。どのファイルが設定を表しているか（この場合は0c24...jsonファイル）、このイメージのタグの説明、および各レイヤーのリストが記述されています。
- 0c24...jsonは、イメージの設定ファイルです（本章で説明）。
- 各ディレクトリは、イメージのrootファイルシステムを構成するレイヤーの1つを表します。

設定ファイルには、このコンテナをビルドするために実行されたコマンドの履歴が含まれています。この例では、echoコマンドを実行するステップで機密情報が公開されています。

```
vagrant@vagrant:~/sensitive$ cat 0c247*.json | jq '.history'
[
  {
    "created": "2019-10-21T17:21:42.078618181Z",
    "created_by": "/bin/sh -c #(nop) ADD file:fe1f09249227e2da2089afb4➡
d07e16cbf832eeb804120074acd2b8192876cd28 in / "
  },
  {
    "created": "2019-10-21T17:21:42.387111039Z",
    "created_by": "/bin/sh -c #(nop) CMD [\"/bin/sh\"]",
    "empty_layer": true
  },
  {
    "created": "2019-12-16T13:50:43.914972168Z",
    "created_by": "/bin/sh -c echo \"top-secret\" > /password.txt"
  },
  {
    "created": "2019-12-16T13:50:45.085349285Z",
```

```
    "created_by": "/bin/sh -c rm /password.txt"
  }
]
```

各レイヤーのディレクトリの中には、そのレイヤーのファイルシステムの内容を保持する別のtarファイルがあります。適切なレイヤーからpassword.txtファイルを明らかにするのは容易です。

```
vagrant@vagrant:~/sensitive$ tar -xf 55*/layer.tar
vagrant@vagrant:~/sensitive$ cat password.txt
top-secret
```

このように、後続のレイヤーでファイルが削除されたとしても、どのレイヤーに存在したファイルでもイメージを解凍すれば簡単に入手できるのです。コンテナイメージにアクセスできる人が参照することを想定していない機密情報は、どのレイヤーにも含めないようにしましょう。

これまでの説明で、OCIに準拠したコンテナイメージの中身を確認し、Dockerfileからイメージをビルドする際に何が起こっているのかがわかったと思います。次に、イメージがどのように格納されるかを考えてみましょう。

6.6 イメージの格納方法

イメージはコンテナレジストリに格納されます。Dockerを使っている人ならDocker Hub[16]レジストリを使ったことがあるでしょう。また、クラウドプロバイダーのサービスを使ってコンテナを扱っている人なら、そのレジストリ、たとえばAmazonのECR（Elastic Container Registry）やGoogleのGCR（Google Container Registry）などを知っているはずです。レジストリにイメージを格納

[16] https://hub.docker.com/

することを一般に「push」、イメージを取得することを「pull」と呼びます。

本書執筆時点では、OCIは、コンテナが格納されるコンテナレジストリと対話するためのインタフェースを定義するディストリビューション仕様⑰を策定中です。これは現在進行中ですが、既存のコンテナレジストリの先行技術に依存しています 監注2。

各レイヤーは、レジストリ内のデータの「BLOB」として個別に格納され、そのコンテンツのハッシュによって識別されます。ストレージ容量を節約するために、特定のBLOBは一度だけ格納する必要がありますが、多くのイメージから参照される場合があります。レジストリには、イメージを構成する一連のイメージレイヤーBLOBを識別するイメージ**マニフェスト**も格納されます。イメージマニフェストのハッシュを取得すると、イメージ**ダイジェスト**と呼ばれるイメージ全体の一意の識別子が得られます。イメージを再ビルドし、それに関する何かが変更された場合、このハッシュも変更されます。

Dockerを使用している場合は、次のコマンドを使用して、マシン上でローカルに保持されているイメージのダイジェストを簡単に確認できます。

```
vagrant@vagrant:~$ docker image ls --digests
REPOSITORY TAG DIGEST IMAGE ID CREATED SIZE
nginx latest sha256:50cf...8566 231d40e811cd 2 weeks ago 126MB
```

イメージのpushやpullを行う際に、このダイジェストを使って特定のビルドを正確に参照できますが、イメージを参照する方法はこれだけではありません。そこで次節では、コンテナイメージを参照するさまざまな方法について解説します。

---

⑰ https://github.com/opencontainers/distribution-spec

監注2 2021年5月にv1.0が公開されました。
https://opencontainers.org/posts/announcements/2021-05-04-oci-dist-spec-v1/

6.7 イメージの特定

イメージ参照に使われる最初の項目は、そのイメージが格納されているレジストリのURLです（レジストリのアドレスが省略された場合、コマンドのコンテキストに応じて、ローカルに保存されたイメージか、Docker Hubに格納されたイメージを意味します）。

次に使われる項目は、このイメージを所有するユーザーまたは組織のアカウント名です。その次にイメージ名、そしてその内容を識別するダイジェストか人間が読めるタグが続きます。

これを組み合わせると、次のオプションのいずれかのようなアドレスが得られます。

```
<Registry URL>/<Organization or user name>/<repository>@sha256:<digest>
<Registry URL>/<Organization or user name>/<repository>:<tag>
```

レジストリURLを省略した場合、Docker Hubのアドレスである`docker.io`がデフォルトとなります。**図6-1**は、Docker Hubに表示されるイメージのバージョンの一例です。

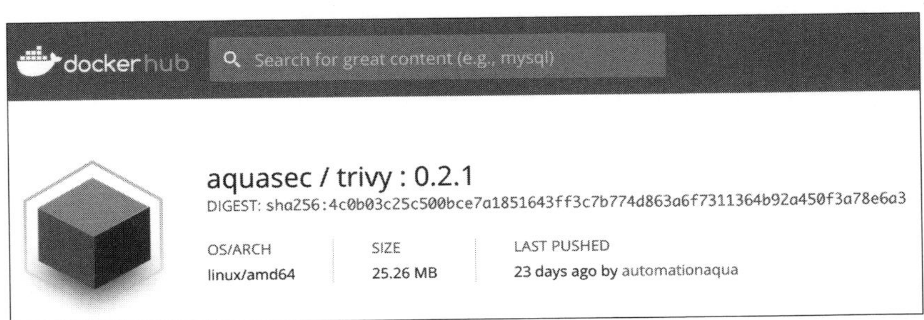

図6-1　Docker Hubでのイメージ例

このイメージは、以下のいずれかのコマンドでイメージをpullできます。

```
vagrant@vagrant:~$ docker pull aquasec/trivy:0.2.1
vagrant@vagrant:~$ docker pull aquasec/trivy:sha256:4c0b03c25c500bce7a1➡
851643ff3c7b774d863a6f7311364b92a450f3a78e6a3
```

ハッシュ値でイメージを参照するのは人には難しいため、イメージに任意のラベルを付ける**タグ**が一般的に使われています。1つのイメージにいくつでもタグを付けることができ、同じタグを別のイメージに移動することもできます。タグはイメージに含まれるソフトウェアのバージョンを示すのにもよく使われます（**図6-1**の例ではバージョン0.2.1）。

タグは付与するイメージを変更できるため、現在のタグによるイメージ指定が明日も同じ結果になる保証はありません。これに対してハッシュ参照では、イメージの内容からハッシュが定義されるため、同一のイメージを取得できます。イメージになんらかの変更が加えられると、異なるハッシュが生成されます。

この作用は、まさにあなたの意図するところかもしれません。たとえば、セマンティックバージョニングスキーマのメジャーバージョンとマイナーバージョンを参照するタグを使って、イメージを参照することがあります。新しいパッチを適用したイメージがリリースされた場合、次にそのイメージを取り出すときに最新のパッチが適用されたバージョンを入手できるように、コンテナイメージのメンテナが同じメジャーバージョン番号とマイナーバージョン番号で再タグ付けすると想定しています。

しかし、イメージへの一意な参照が重要な場合もあります。たとえば、イメージの脆弱性スキャンについて考えてみましょう（これは第7章で取り上げます）。アドミッションコントローラが、脆弱性スキャンのステップを経たイメージのみデプロイできることを確認し、スキャンされたイメージのレコードをチェックする必要があるかもしれません。もしこれらの記録がタグによってイメージを参照している場合、イメージに変更があり再スキャンする必要があるかどうかを知る方法がないため信頼性がありません。

イメージがどのように格納されるかわかったところで、次節ではイメージに関連するセキュリティの懸念について見ていくことにしましょう。

6.8 イメージセキュリティ

イメージのセキュリティに関する最大の関心事はイメージの完全性、つまり、意図したイメージが確実に使用されるようにすることです。もし攻撃者が意図しないイメージをデプロイメントで実行させることができれば、任意のコードを実行できます。**図6-2**に示すように、イメージのビルドと格納から実行までの一連の作業にはさまざまな潜在的な弱点があります。

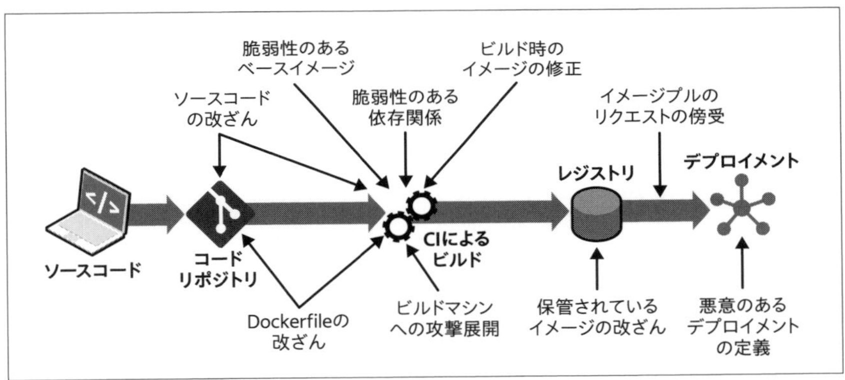

図6-2　イメージへの攻撃ベクトル

アプリケーション開発者は、自分が書いたコードを通じてセキュリティに貢献することができます。静的および動的解析ツール、ピアレビュー、テストはすべて、開発中に追加された安全でない部分を特定するのに役立ちます。これはすべて、コンテナなしのアプリケーションと同様に、コンテナ化されたアプリケーションにも適用されます。しかし、本書はコンテナに関するものなので、コンテナイメージをビルドする時点で導入される可能性のある弱点について説明します。

6.9 ビルド時のセキュリティ

ビルドステップはDockerfileを取得し、コンテナイメージに変換します。この段階では、いくつかの潜在的なセキュリティリスクが存在します。

Dockerfileのセキュリティ

イメージビルドのための命令はDockerfileから取得します。ビルドの各段階では、これらの命令の1つを実行することになりますが、もし悪意ある者がDockerfileを修正できれば、以下のような悪意ある行動を取ることが可能になります。

- マルウェアや暗号化ソフトをイメージに追加
- ビルド時の秘密情報へのアクセス
- ビルド時のインフラからアクセス可能なネットワークトポロジの列挙
- ビルドを実行するホストへの攻撃

当然のことかもしれませんが、Dockerfileは（他のソースコードと同様に）攻撃者が悪意のあるステップをビルドに追加することから保護するために適切なアクセス制御が必要です。

Dockerfileの内容は、ビルドによって生成されるイメージのセキュリティにも大きく関わってきます。イメージのセキュリティを向上させるために、Dockerfileで実行できる実用的な方法をいくつか紹介します。

セキュリティのためのDockerfileのベストプラクティス

これらの推奨事項はすべて、イメージのセキュリティを向上させ、攻撃者がこのイメージから実行されるコンテナを危険にさらす可能性を減らします。

ベースイメージ

Dockerfileの最初の行は、新しいイメージをビルドするベースイメージを示すFROM命令です。

- 信頼できるレジストリからのイメージを参照します（後述の6.10節「イメージレジストリのセキュリティ」を参照）。
- サードパーティ製の任意のベースイメージには悪意のあるコードが含まれている可能性があるため、組織によっては事前に承認されたベースイメージや「ゴールデン」ベースイメージの使用を義務付けている場合があります。
- ベースイメージが小さいほど、不要なコードが含まれる可能性が低くなり、攻撃対象領域も小さくなります。ゼロからビルドする（スタンドアロンバイナリに適した完全に空のイメージ）か、distroless[18]のような最小限のベースイメージを使用することを検討してください。小さなイメージは、ネットワーク上でより速く送ることができるという利点もあります。
- ベースイメージを参照するために、タグやダイジェストの使用を検討してください。ダイジェストを使えばビルドの再現性は高まりますが、セキュリティアップデートを含む新しいバージョンのベースイメージを手に入れる可能性が低くなります（とはいえ、完全なイメージの脆弱性スキャンを通じて見逃しているアップデートを拾うべきでしょう）。

マルチステージビルドの使用

マルチステージビルド[19]は、最終的なイメージから不要なコンテンツを取り除くための方法です。初期段階ではイメージのビルドに必要なすべてのパッケージとツールチェーンを含めますが、これらのツールの多くは実行時には必要ありません。たとえばGo言語で実行ファイルを作成する場合、実行プログラムを作成するにはGoコンパイラが必要です。プログラムを実行するコンテナは、Goコンパイラにアクセスする必要はありません。この例では、ビルドをマルチステージビルドにするのがよいでしょう。最初のステージでコンパイルしてバイナリ実行ファイルを作成し、次のステージではバイナリ実行ファイルにアクセスするだけです。デプロイされるイメージは、かなり小さな攻撃対象領域となります。セキュリティ以外の利点としては、イメージ自体も小さくなるため、

[18] https://github.com/GoogleContainerTools/distroless
[19] https://docs.docker.com/build/building/multi-stage/

イメージを取得する時間が短縮されることが挙げられます。

Memo

Capital One社のブログには、Node.jsアプリケーションのマルチステージビルドの例●がいくつか掲載されており、最終的なイメージの内容に影響を与えることなく、マルチステージビルド内の異なるステップとしてテストを実行することも可能であることが示されています。

- Using Multi-Stage Builds to Simplify And Standardize Build Processes
  `https://medium.com/capital-one-tech/multi-stage-builds-and-dockerfile-b5866d9e2f84`

非rootユーザー

Dockerfileの USER 命令は、イメージに基づいてコンテナを実行する際のデフォルトのユーザーIDとしてroot以外を指定します。すべてのコンテナをrootで実行させたくない場合は、すべてのDockerfileで非rootユーザーを指定してください。

RUNコマンド

Dockerfileの RUN コマンドを使って任意のコマンドを実行できます。もし攻撃者がデフォルトのセキュリティ設定のままDockerfileを侵害することができれば、**その攻撃者はどのコードも自由に実行できます**。もし、信頼されていない人があなたのシステム上で任意のコンテナビルドを実行できる状態ならば、それはつまり彼らにリモート実行の権限を与えてしまっているのです。Dockerfileを編集する権限が、信頼できるチームメンバーに限定されていることを確認し、変更をコードレビューする際に細心の注意を払うことが重要です。Dockerfileに新しいRUNコマンドや変更されたRUNコマンドが導入された場合、チェックや監査ログを作成するのもよいかもしれません。

ボリュームマウント

特にデモやテストでは、ボリュームマウントによってコンテナにホストディレクトリをマウントすることがよくあります。第9章で説明するように、Dockerfileが `/etc` や `/bin` のような機密性の高いディレクトリをコンテナにマウントしないよう確認することが重要です。

Dockerfileに機密情報を含めない

機密情報については第12章で詳しく説明しますが、今のところは、イメージに認証情報、パスワード、その他の機密情報を含めると、それらが簡単に漏洩してしまうことを理解してください。

setuidバイナリを避ける

第2章で説明したように、setuidビットを持つ実行ファイルを含めるのは避けたほうがよいでしょう。これは権限昇格につながる恐れがあります。

不要なコードを避ける

コンテナ内のコード量が少なければ少ないほど、攻撃対象領域も小さくなります。パッケージ、ライブラリ、実行ファイルをイメージに追加することは、絶対に必要な場合を除き、避けてください。同じ理由で、スクラッチイメージやディストリビューションレスオプションの1つをベースにすれば、イメージに含まれるコードが劇的に少なくなり、したがって脆弱なコードも少なくなる可能性が高くなります。

コンテナに必要なものをすべて含める

直前の推奨事項で、ビルド時に余計なコードを取り除くよう促しました。さらにその補足事項として、アプリケーションが動作するために必要なものをすべて含めるようにします。コンテナが実行時に追加パッケージをインストールする可能性を許容する場合、そのパッケージが正当なものであるかどうかをどのように確認するのでしょうか。コンテナイメージのビルド時にすべてのインストールと検証を行い、イミュータブルイメージを作成するほうがはるかに優れています。なぜこの方法が良いのかについては、第7章の「イミュータブルコンテナ」(149ページ)を参照してください。

これらの推奨事項に従うことで悪用されにくいイメージをビルドできます。次に、攻撃者がコンテナビルドシステムの弱点を見つけようとするリスクについて説明します。

ビルドマシンへの攻撃

イメージをビルドするマシンが問題となるのは、主に2つの理由があります。

- もし攻撃者がビルドマシンに侵入してコードを実行したら、システムの他の部分にまで到達できるでしょうか。本章の「docker buildの危険性」(121ページ)で説明したように、特権的なデーモンプロセスを必要としないビルドツールの使用を検討する理由があるのです。
- 攻撃者がビルドの結果に影響を及ぼし、最終的に悪意のあるイメージをビルドし、実行させせることができるでしょうか。Dockerfileの命令に干渉したり、予期せぬビルドを誘発するような不正アクセスは、悲惨な結果を招く可能性があります。たとえば、攻撃者がビルドされるコードに影響を与えることができれば、本番環境上で実行されるコンテナにバックドアを設置することも可能になります。

ビルドマシンは最終的に本番環境クラスタで実行されるコードを作成するため、本番環境クラスタと同じように攻撃から保護することが非常に重要です。ビルドマシンから不要なツールを取り除くことで、攻撃対象領域を縮小可能です。マシンへの直接のユーザーアクセスを制限し、VPCやファイアウォールを使って不正なネットワークアクセスからマシンを保護できます。

本番環境とは別のマシンまたはマシンクラスタでビルドを実行し、ビルド内からのホスト攻撃の影響を抑えるようにするのもよいでしょう。そのためにも、ホストからのネットワークおよびクラウドサービスへのアクセスを制限して、攻撃者がデプロイメントの他の要素にアクセスするのを防ぎます。

6.10 イメージレジストリのセキュリティ

ビルドしたイメージはレジストリに格納する必要があります。このとき、もし攻撃者がイメージを置き換えたり、変更したりできれば、攻撃者が望んだコードが実行されてしまうことになります。

独自のレジストリを運用する

多くの組織では、独自のレジストリを維持したり、クラウドプロバイダーのマネージドレジストリを使用したりして、それらの許可されたレジストリからのイメージのみを使用できるように要求しています。自社でレジストリ（またはマネージドレジストリの自社インスタンス）を運営することで、誰がイメージをpushしたりpullしたりできるかをより詳細に制御し、可視化することができます。また、攻撃者がレジストリのアドレスを詐称するDNS攻撃の可能性も低くなります。レジストリがVPC（Virtual Private Cloud）内にある場合、攻撃者がこのような攻撃を行う可能性は極めて低くなります。

さらに、レジストリの記憶媒体への直接アクセスを制限するよう注意する必要があります。たとえば、AWSで稼働しているレジストリは、Amazon S3を使ってイメージを格納しているかもしれません。そしてS3バケットには、悪意のある第三者が格納されたイメージデータに直接アクセスできないように、制限付きのアクセス権が設定されるべきです。

イメージの署名

イメージの署名は、アイデンティティとイメージを関連付けます（第11章で説明する証明書への署名とほぼ同じ方法です）。

イメージの署名は非常に複雑であるため、自分でビルドすることはまずないでしょう。さまざまなレジストリが、TUF（The Update Framework）仕様のNotary実装[20]をベースにイメージ署名を実装しています。Notaryは使いづらいという評判があるため、本書執筆時点で、ほとんどの主要なクラウドプロバイダーがこのプロジェクトのバージョン2に関与していることは、とても喜ばしいことです。

コンテナイメージのサプライチェーンに関する懸念に対処するもう1つのプロジェクトがin-toto[21]です。このフレームワークは、期待される一連のビルド

[20] https://github.com/notaryproject/notary
[21] https://in-toto.io/

ステップが完全に実行され、正しい入力に対して正しい出力を生成し、正しい担当者が正しい順序で実行したことを保証します。複数のステップが連鎖的に実行され、in-totoがプロセスを通じて各ステップのセキュリティ関連のメタデータを運びます。その結果、本番環境で実行されるソフトウェアが、開発者が自分のノートPCから送信したコードと同じものであることを検証できるようになるのです。

サードパーティのコンテナイメージを、直接アプリケーションとして、またはビルドのベースイメージとして使用する場合はどうすればよいでしょうか。署名されたイメージを直接ソフトウェアベンダーや他の信頼できるソースから取得し、おそらくレジストリに格納する前に自分でそのイメージをテストすることができます。

6.11 イメージデプロイメントのセキュリティ

デプロイ時の主なセキュリティ上の懸念は、正しいイメージを取得して実行することですが、**アドミッションコントロール**によって、さらに確認を行うことができます。

正しいイメージのデプロイ

本章の6.7節「イメージの特定」で説明したように、コンテナのイメージタグは不変ではありません。タグではなくダイジェストでイメージを参照することで、イメージが思ったとおりのバージョンかどうか確認できます。たしかに、ビルドシステムがイメージにセマンティックバージョニングのタグを付け、これを厳密に守っている場合はこれで十分かもしれません。マイナーアップデートごとにイメージ参照を更新する必要がないため、管理も楽になります。

タグでイメージを参照する場合は、アップデートがあった場合に備えて、実行前に常に最新版をpullする必要があります。幸いなことに、イメージマニフェストが最初に取得され、イメージレイヤーは変更された場合のみ取得されるようになっているので、大きな心配は不要です。

Kubernetesではimagepullpolicyプロパティで定義します。イメージをダイジェストで参照する場合、更新があればダイジェストを変更する必要があるため、毎回pullするイメージポリシーは不要です。

リスクプロファイルによっては、前述のNotaryのようなツールで管理されたイメージ署名を確認してイメージの出所を明らかにしたいときもあります。

悪意のあるデプロイメントの定義

コンテナオーケストレータを使用する場合、通常、各アプリケーションのコンテナを定義する設定ファイル（たとえば、KubernetesのYAML）が存在します。これらの設定ファイルの出所を確認することは、イメージそのものを確認することと同様に重要です。

インターネットからYAMLをダウンロードした場合は、本番クラスタで実行する前に厳重にチェックしてください。レジストリURLの1文字を置き換えただけなど、わずかな違いでも悪意のあるイメージが実行される可能性があることに注意してください。

アドミッションコントロール

これも純粋なコンテナセキュリティの範囲を超える話題ですが、本章で前述した手法の多くを検証するのに適した場所であるため、ここで「アドミッションコントロール」の手法を紹介したいと思います。

アドミッションコントローラは、リソースをクラスタにデプロイしようとする時点でチェックを実行することができます。Kubernetesでは、アドミッションコントロールはあらゆる種類のリソースをポリシーに対して評価できますが、この章の目的では、特定のコンテナイメージに基づいてコンテナを許可するかどうかをチェックするアドミッションコントローラだけを考えてみます。アドミッションコントロールのチェックが失敗した場合、コンテナは実行されません。

アドミッションコントローラは、実行中のコンテナにインスタンス化する前に、コンテナイメージに対していくつかの重要なセキュリティチェックを実行することができます。

- イメージは脆弱性、マルウェア、その他のポリシーチェックのためにスキャンされているか
- イメージは信頼できるレジストリから提供されたものか
- イメージは署名されているか
- イメージは承認されているか
- イメージはroot権限で実行されていないか

これらのチェックにより、システム内の早い段階でのチェックをバイパスできないようにします。たとえば、スキャンされていないイメージを参照するデプロイ方法を指定できる場合、CIパイプラインに脆弱性スキャンを導入しても、ほとんどメリットがありません。

6.12 GitOpsとデプロイメントセキュリティ

GitOpsとは、アプリケーションのソースコードと同じように、システムの状態に関する設定情報をすべてソース管理下に置くという方法です。ユーザーがシステムの運用を変更したい場合、直接コマンドを適用するのではなく、コード形式（たとえばKubernetesの場合はYAMLファイル）で望ましい状態に定義します。GitOpsオペレーターと呼ばれる自動化されたシステムが、コード管理下で定義された最新の状態を反映するようシステムを更新するのです。

これは、セキュリティ上大きなメリットがあります。ソースコード管理システム（その名のとおり、典型的にはGit）を介してすべてが手の届く範囲で行われるため、ユーザーはもはや稼働中のシステムに直接アクセスする必要がありません。**図6-3**に示すように、ユーザーの認証情報はソースコード管理システムへのアクセスを可能にしますが、自動化されたGitOpsオペレーターだけが実行中のシステムを修正する権限を持っています。Gitはすべての変更を記録するの

で、すべての操作の監査証跡が存在します。

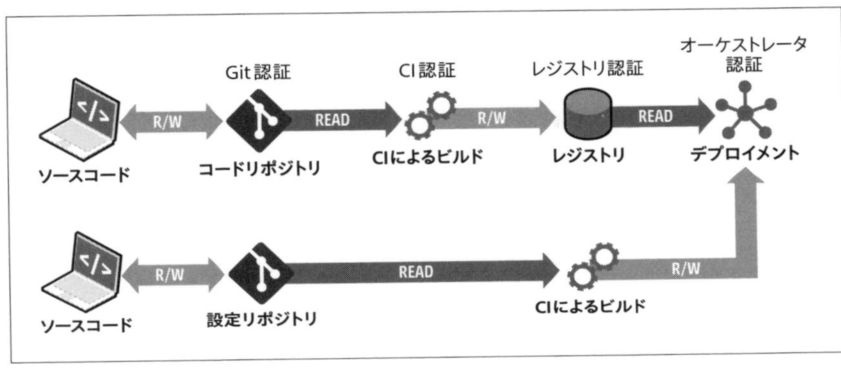

図6-3　GitOps

6.13 まとめ

コンテナランタイムは、rootファイルシステムといくつかの設定情報を必要とします。この情報は実行時に渡すことも、Kubernetes YAMLで設定するパラメータを使って上書きすることもできます。コンテナの構成設定の中には、アプリケーションのセキュリティに関係するものがあります。また、本章の「セキュリティのためのDockerfileのベストプラクティス」(130ページ) に挙げているベストプラクティスに従わなければ、コンテナイメージに悪意のあるコードが持ち込まれる機会は増えてしまうでしょう。

本書執筆時点で一般的に使用されている標準的なコンテナイメージビルダーは特権的であり、攻撃から保護しなければならない弱点が数多く存在する傾向がありますが、より安全な代替イメージビルダーも存在し、現在も開発中です。

イメージのデプロイ時にオーケストレータやセキュリティツールでアドミッションコントローラを使用すれば、イメージに対してセキュリティチェックを行うことができます。

コンテナイメージは、アプリケーションコードとサードパーティ製パッケージやライブラリへの依存関係をカプセル化します。次章では、これらの依存関係にどのように悪用可能な脆弱性が含まれているかを調べ、それらの脆弱性を特定し取り除くためのツールについて検討します。

Chapter

7

イメージに含まれるソフトウェアの脆弱性

脆弱性に対応するパッチ（修正プログラム）は、デプロイされたコードのセキュリティを維持するために極めて重要とされています。これはコンテナにも関連する話で、本章で後述するように、パッチ適用プロセスは昔とは様変わりしています。しかし、そのことについて見ていく前に、ソフトウェアの脆弱性とは何か、そして、それらがどのように公表され、トラッキングされるのかについて説明します。

7.1 脆弱性調査

脆弱性とは、ソフトウェアに存在するセキュリティ上の欠陥のことです。攻撃者は脆弱性を利用して悪意ある行為を行います。一般的にはソフトウェアが複雑であるほど、欠陥がある可能性が高く、そのうちのいくつかは攻撃の対象になる可能性があると考えられます。

一般的なソフトウェアに脆弱性があると、それがどこにデプロイされていても攻撃者に利用される可能性があります。そのため、一般に公開されているソフトウェア、特にOSパッケージや言語ライブラリの新しい脆弱性を発見するサービスを提供する研究機関や企業が存在します。「Shellshock」「Meltdown」「Heartbleed」など、名前だけでなく時にはその脆弱性にロゴまで存在するような、非常に深刻な脆弱性について、皆さんも耳にしたことがあるのではないでしょうか。これらは脆弱性を突く有名な攻撃ですが、毎年報告される数千の問題のごく一部でしかありません。

脆弱性が特定されると、攻撃者がその問題を悪用する前にユーザーが修正プログラムを導入できるよう、修正プログラムの公開が急がれます。しかし、新しい脆弱性がすぐに一般に公表されると、その問題を悪用しようとする攻撃者にとって有利な状況となってしまいます。このような事態を避けるために、レスポンシブル・ディスクロージャ（責任ある開示）という考え方が確立されています。脆弱性を発見したセキュリティ研究者は、そのソフトウェアの開発者やベンダーと連絡を取り合います。開発者やベンダーは、研究者が調査結果を公開できるようになるまでの期間について合意します。発表前に修正プログラムを提供することは、ベンダーとユーザーの双方にとって良いことなので、ベンダーには早期に修正プログラムを提供することが求められます。

新しい問題には、Common Vulnerabilities and Exposures（共通脆弱性識別子）の略である「CVE」で始まり、その後に年が続く固有の識別子が付与されます。たとえば、Shellshock脆弱性は2014年に発見され、公式には「CVE-2014-6271」と呼ばれています。これらのIDを管理する組織はMITRE❶と呼ばれ、特定の範囲内でCVE IDを発行できるCVE Numbering Authority（CNA）を多数統括しています。Microsoft、Red Hat、Oracleなどの大手ソフトウェアベンダーは、自社製品内の脆弱性にIDを付与する権利を持つCNAとなっています。GitHubは、2019年末にCNAとなりました。

これらのCVE識別子は、脆弱性の影響を受けるソフトウェアパッケージとバージョンを追跡するために脆弱性情報データベース❷（National Vulnerability Database：NVD）で使用されています。影響を受けるパッケージの全バージョンのリストがあるので、そのリストに含まれるいずれかに該当すれば、危険にさらされていることになります。一見すると、それで話は終わりかと思われるかもしれませんが、残念ながらそれほど単純な話ではありません。使用しているLinuxディストリビューションによっては、パッチが適用されたバージョンのパッケージが含まれている可能性があります。

7.2 脆弱性、パッチ、ディストリビューション

Shellshockを例にとってみましょう。これはGNU bashパッケージに影響を及ぼす重大な脆弱性で、NVDのCVE-2014-6271❸のページには、1.14.0から

---

❶ https://www.mitre.org
❷ https://nvd.nist.gov
❸ https://nvd.nist.gov/vuln/detail/CVE-2014-6271

4.3まで、脆弱性を持つバージョンの長いリストが掲載されています。Ubuntu 12.04の非常に古いインストールを実行しており、サーバーにbashバージョン4.2-2ubuntu2.2が含まれていることがわかった場合、Shellshockに関わるNVDのリストに含まれているbash 4.2をベースにしているシステムには脆弱性が疑われます。

実際には、同じ脆弱性に関するUbuntuのセキュリティアドバイザリ[4]によると、正確なバージョンは脆弱性の修正が適用されているので安全とされています。Ubuntuのメンテナは、12.04を使用しているすべての人にまったく新しいマイナーバージョンのbashへのアップグレードを要求するのではなく、脆弱性に対するパッチを適用し、そのパッチ適用済みバージョンを利用できるようにすることを決定しました。

サーバーにインストールされているパッケージが脆弱かどうかを実際に把握するには、NVDだけでなく、ディストリビューションに適用されるセキュリティアドバイザリも参照する必要があるでしょう。

これまで本書では、apt、yum、rpm、apkのようなパッケージマネージャを介してバイナリ形式で配布されるパッケージ（前述の例ではbash）を考えてきました。これらのパッケージはファイルシステム内のすべてのアプリケーションで共有されており、サーバーや仮想マシン上では共有されていることが問題を引き起こす可能性があります。あるアプリケーションがあるバージョンのパッケージに依存していて、同じマシン上で実行する別のアプリケーションと互換性がないことが判明するかもしれません。

この依存関係の管理の問題は、コンテナごとに個別のrootファイルシステムを持つことで解決できる問題の1つです。

[4] https://ubuntu.com/security/notices/USN-2362-1

7.3 アプリケーションレベルの脆弱性

アプリケーションレベルで発見される脆弱性も存在します。ほとんどのアプリケーションは、サードパーティのライブラリを使用しており、通常、言語固有のパッケージマネージャを使用してインストールします。Node.jsはnpmを、Pythonはpipを、JavaはMavenを使用します。これらのツールによってインストールされるサードパーティのパッケージは、潜在的な脆弱性を生じさせる原因ともなっています。

Go言語、C言語、Rustなどのコンパイル言語では、サードパーティの依存関係は共有ライブラリとしてインストールされるか、ビルド時にバイナリにリンクされます。

スタンドアロンバイナリ実行ファイルは、(「スタンドアロン」という言葉どおり)定義上外部依存を持ちません。サードパーティのライブラリやパッケージへの依存はあるかもしれませんが、それは実行ファイルに組み込まれています。この場合、スクラッチ(空)のベースイメージを元にコンテナイメージを作成するオプションがあり、このイメージにはバイナリ実行ファイル以外何も入っていません。

アプリケーションが依存関係を持たない場合、公開されたパッケージの脆弱性はスキャンできません。本章の7.11節「ゼロデイ脆弱性」で検討するように、アプリケーションには攻撃者に悪用されるような欠陥が残っている可能性があります。

7.4 脆弱性リスクマネジメント

ソフトウェアの脆弱性に対処するのは、リスクマネジメントにおける重要事項です。素性が明らかではないソフトウェアの導入には、なんらかの脆弱性が含まれている可能性が高く、そのソフトウェアを介してシステムが攻撃されるリスクがあります。このようなリスクを回避するには、どのような脆弱性が存在するかを特定し、その深刻度を評価し、優先順位を付け、リスクとなる箇所を修正または被害を軽減するためのプロセスを整備する必要があります。

脆弱性スキャナは、脆弱性を特定するプロセスを自動化します。また、インシデントの深刻度や、修正プログラムが適用されたソフトウェアパッケージのバージョン（修正プログラムが提供されている場合）についての情報を提供します。

7.5 脆弱性スキャン

インターネットで検索すると、さまざまな技術を網羅した膨大な種類の脆弱性スキャンツールを見つけることができます。その中にはnmapやnessusのように、稼働中のシステムの脆弱性を外部から探索して見つけようとするポートスキャンツールもあります。この方法は非常に有効ですが、本章で検討しているのはこの方法ではありません。本書では、rootファイルシステムにインストールされたソフトウェアを調査して脆弱性を見つけるツールを見ていきます。

どのような脆弱性が存在するかを特定するためには、どのようなソフトウェアが存在するかを確認する必要があります。ソフトウェアは、いくつかの異なるメカニズムでインストールされます。たとえば、以下のようなものです。

- rootファイルシステムはLinuxのrootファイルシステムのディストリビューションから起動するため、その中に脆弱性が存在する可能性があります。
- rpmやapkなどのLinuxパッケージマネージャでインストールされるシステムパッケージ、pipやRubyGemsなどのツールでインストールされる言語固有のパッケージが考えられます。
- wgetやcurl、あるいはFTPを使って直接ソフトウェアをインストールしたかもしれません。

脆弱性スキャナの中には、パッケージマネージャに問い合わせ、インストールされているソフトウェアのリストを取得するものがあります。そのようなツールを使っている場合、ソフトウェアの直接インストールは脆弱性スキャンの対象外となるため、避けるべきです。

7.6 インストールされているパッケージ

第6章で説明したように、各コンテナイメージには、Linuxディストリビューションに加えて、複数のパッケージがアプリケーションコードと一緒にインストールされることがあります。各コンテナには多数のインスタンスが存在します。それぞれがコンテナイメージのファイルシステムのコピーを持ち、その中の脆弱なパッケージも含めて実行される可能性があります。**図7-1**では、コンテナXのインスタンスが2つ、コンテナYのインスタンスが1つ存在することを示しています。

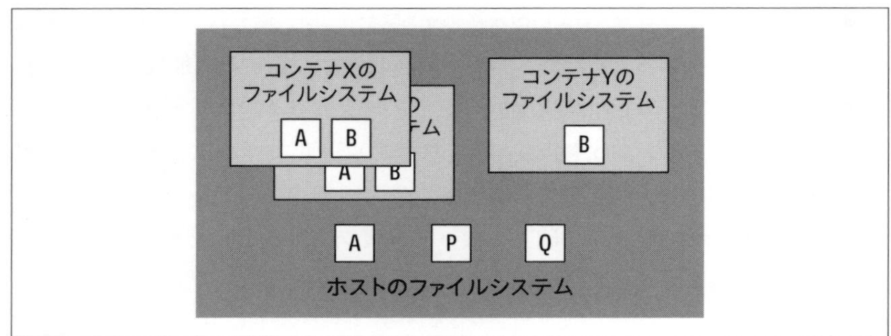

図7-1　ホスト上のパッケージとコンテナ内のパッケージ

パッケージを直接ホストにインストールするのは、何も新しいことではありません。実際、システム管理者がセキュリティ上の問題を解決するためにパッチを適用しなければならないのは、まさにこのようなパッケージです。多くの場合、パッチを適用するには、各ホストにSSHでログインし、パッチを適用したパッケージをインストールするという方法を取りました。クラウドネイティブ時代には、この方法は好ましくありません。このように手動でマシンの状態を変更してしまうと、同じ状態で自動的に再作成することができなくなるからです。このような自動化プロセスに対応するには、更新されたパッケージを含む新しいマシンイメージを構築するか、イメージをプロビジョニングするための自動化スクリプトを更新して、新しいインストールに更新されたパッケージが含まれるようにするのがよいでしょう。

7.7 コンテナイメージスキャン

デプロイメントにおいて、脆弱なソフトウェアを含むコンテナを実行しているかどうかを知るには、それらのコンテナ内すべての依存関係をスキャンする必要があります。コンテナイメージをスキャンするには、いくつかの異なるアプローチがあります。

ホスト上（または複数のホストのデプロイメント全体）で実行中の各コンテナをスキャンできるツールを思い浮かべてみてください。現代のクラウドネイティブなデプロイメントでは、同じコンテナイメージから数百のコンテナインスタンスが起動されるのが一般的です。このアプローチでは、スキャナは同じ依存関係を何百回も調べるので非常に効率が悪くなります。つまり、派生元のコンテナイメージをスキャンするほうが効率的です。

しかし、このような方法では、コンテナがコンテナイメージに存在するソフトウェアのみを実行し、それ以外のソフトウェアは何も実行しないことを前提としています。各コンテナで実行されるコードは、**イミュータブル**でなければなりません。では、コンテナをイミュータブルに扱うことがなぜ良いのかを見ていきましょう。

イミュータブルコンテナ

コンテナの起動後に、追加のソフトウェアをファイルシステムにダウンロードするのを防ぐための仕組みは、通常ありません。

実際、コンテナが利用されるようになった初期の頃には、コンテナイメージを再ビルドせずに、コンテナを最新バージョンのソフトウェアに更新する方法が検討されていたため、このパターンを目にすることは珍しくありませんでした。もし、もとよりこのような考えが浮かばなかったのであれば、いったん忘れてください。一般的には、いくつかの理由から、非常に良くない手法だと考えられています。

- コンテナ実行時にコードをダウンロードする場合、コンテナの異なるインスタンスが、そのコードの異なるバージョンを実行することがありますが、どのインスタンスがどのバージョンを実行しているかを知るのは困難です。コンテナのコードに保存されたバージョンがなければ、同一のコピーを再作成するのは困難です（あるいは不可能です）。
- いつでもどこからでもダウンロードできるようになると、各コンテナで動作するソフトウェアの管理、ソースの確認が難しくなります。
- コンテナイメージのビルドとレジストリへの格納は、CI/CDパイプラインで非常に簡単に自動化できます。また、脆弱性スキャンやソフトウェアサプライチェーンの検証など、追加のセキュリティチェックを同じパイプラインに追加するのも非常に簡単です。

多くの実運用環境では、単にベストプラクティスとしてコンテナをイミュータブルとして扱っていますが強制力はありません。実行ファイルがコンテナイメージをスキャンした時に存在していない場合、その実行を防ぐことで、コンテナがイミュータブルであることを自動的に強制するツールもあります。これは「Drift Prevention」として知られており、第13章でさらに詳しく説明します。

イミュータブルを実現するもう1つの方法は、コンテナを読み取り専用のファイルシステムで実行することです。アプリケーションコードが書き込み可能なローカルストレージにアクセスする必要がある場合は、書き込み可能な一時ファイルシステムをマウントすることができます。この場合、アプリケーションを変更して、この一時ファイルシステムにのみ書き込みを行うようにする必要があります。

コンテナをイミュータブルなものとして扱うことで、各イメージをスキャンするだけで、全コンテナに存在する可能性のあるすべての脆弱性を発見することができます。しかし残念なことに、特定の時点で1回スキャンするだけでは十分でない場合があります。次に、なぜスキャンを定期的に行わなければならないかを考えてみましょう。

定期スキャン

本章の冒頭で述べたように、世界中のセキュリティ研究者が既存のコードにこれまで発見されていなかった脆弱性を発見しています。時には、何年も前から存在していた問題を発見することもあります。代表例の1つが、広く使われているOpenSSLパッケージの重大な脆弱性であるHeartbleedで、TLS接続を維持するハートビートのリクエストとレスポンスの流れの問題を悪用したものです。この脆弱性は2014年4月に発覚し、攻撃者が大きなバッファに少量のデータを要求する細工をしたハートビートリクエストを送信することができました。OpenSSLのコードはデータの長さ（ペイロード長）をチェックしないため、要求された少量のデータを返し、その後、バッファの残りの領域を現在のメモリ上にあるデータで埋めます。このときメモリには機密情報が保存されている可能性があり、その情報が攻撃者に返されます。この攻撃により、パスワード、社会保障番号、医療記録などの流出を含む深刻な情報漏洩が発生し、脆弱性が原因であることが判明しました。

Heartbleedのような深刻なケースは稀ですが、システムと依存関係のあるサードパーティ製品を使用している場合、将来のある時点で、その製品に新たな脆弱性が発見されると考えておくべきでしょう。残念ながら、それがいつ生じるのかはわかりません。たとえコードが変更されなかったとしても、その依存関係の中に新しい脆弱性が発見される可能性はあります。

コンテナイメージを定期的に再スキャンすることで、スキャンツールはその内容を（NVDや他のセキュリティ勧告のソースから得た）脆弱性に関する最新の情報と照らし合わせて検証できます。非常にオーソドックスなアプローチは、自動化されたCI/CDパイプラインの一部として、ビルドされた新しいイメージをスキャンすることに加え、24時間ごとにすべてのデプロイ済みイメージを再スキャンすることです。

7.8 スキャンツール

コンテナイメージスキャンツールには、Trivy❺、Clair❻、Anchore❼などのオープンソース実装からJFrog、Palo Alto、Aquaなどの企業による商用ソリューションまで数多く存在します。Docker Trusted Registry❽や、CNCFプロジェクトHarbor❾などの多くのコンテナイメージレジストリソリューション、および主要なパブリッククラウドが提供するレジストリにはスキャン機能が内蔵されています。

❺ https://github.com/aquasecurity/trivy
❻ https://github.com/quay/clair
❼ https://github.com/anchore/anchore
❽ https://docs.docker.com/
❾ https://goharbor.io

残念ながら、スキャナによって得られる結果はかなり異なりますが、その理由を考えてみることにも価値があるかもしれません。

脆弱性情報のソース

本章の前半で説明したように、脆弱性情報のソースは、ディストリビューションごとのセキュリティアドバイザリなど、さまざまなものがあります。Red Hatのセキュリティ検査言語⑩（Open Vulnerability Assessment Language：OVAL）フィードには、修正プログラムが存在する脆弱性のみが含まれており、公開されているがまだ修正されていない脆弱性は含まれていません。

もしスキャナがディストリビューションのセキュリティフィードからのデータを含まず、基礎となるNVD（National Vulnerability Database）データだけに依存している場合、そのディストリビューションに基づくイメージに対して多くが偽陽性を示してしまう可能性があります。ベースイメージに特定のLinuxディストリビューションや、distroless⑪のようなソリューションを使用したい場合は、イメージスキャナがそれをサポートしているかどうかを確認してください。

期限切れのソース

ディストリビューションのメンテナが脆弱性の報告方法を変更することがあります。これは、ごく最近Alpineで起こったことで、alpine-secdb⑫での勧告の更新をやめ、aports⑬での新しいシステムを採用しました。執筆時点では、いくつかのスキャナはまだ古いAlpineのフィードからのデータのみを報告しており、ここ数か月間更新されていません 監注1。

---

⑩ https://access.redhat.com/security/data

⑪ https://github.com/GoogleContainerTools/distroless

⑫ https://github.com/alpinelinux/alpine-secdb

⑬ https://gitlab.alpinelinux.org/alpine/aports

監注1 現状については、各スキャナの提供するデータソースの情報をご確認ください。例として、trivyではAlpineのデータソースとしてsecdbを参照しています。
https://aquasecurity.github.io/trivy/v0.35/docs/vulnerability/detection/data-source/

脆弱性の容認

ディストリビューションのメンテナが、特定の脆弱性を修正しないことを決定することがあります（おそらく、それは無視できる程度のリスクであり、修正は容易ではないため、あるいは、メンテナが、そのプラットフォーム上の他のパッケージとの相互作用により、その脆弱性の悪用は不可能であると結論付けたためです）。

メンテナが修正プログラムを提供しないことを考えると、スキャンツールの開発者にとって、次のような答えのない問いに悩まされます。「対応できないことを考慮すると、スキャンの結果に脆弱性を表示するかしないか？」。筆者の勤めるAqua Security社では、一部の顧客からこのような出力は見たくないという声があり、ユーザーが選択できるようにオプションを用意することにしました。このように、脆弱性スキャンには「正しい」結果というものは存在しないのです。

サブパッケージの脆弱性

あるパッケージがインストールされ、パッケージマネージャによってレポートされたとき、実際には1つ以上のサブパッケージで構成されていることがあります。この良い例がUbuntuのbindパッケージです。時折、docsサブパッケージだけがインストールされることがありますが、名前から予想できるとおり、これはドキュメントだけで構成されています。スキャナによっては、あるパッケージがレポートされた場合、パッケージ全体（可能性のあるサブパッケージも含む）がインストールされたとみなすスキャナがあります。これにより、スキャナがインストールされていないサブパッケージの脆弱性を報告し、誤検出を引き起こす可能性があります。

パッケージ名の違い

パッケージのソース名には、まったく異なる名前のバイナリが含まれていることがあります。たとえばDebianでは、shadowパッケージ[14]には、login、passwd、uidmapと呼ばれるバイナリが含まれています。スキャナがこれを考

[14] https://tracker.debian.org/pkg/shadow

慮しなければ、偽陰性の結果をもたらす可能性があります。

その他のスキャン機能

イメージスキャナの中には、脆弱性以外にも、以下のような問題を検出するものがあります。

- イメージ内の既知のマルウェア
- **setuid** ビットを持つ実行可能ファイル（第2章で説明したように、権限昇格を可能にする）
- root で実行するように設定されたイメージ
- トークンやパスワードなどのクレデンシャル
- クレジットカード番号や社会保障番号などの機密情報

スキャナのエラー

これまでの説明で明らかになったように、脆弱性のレポートは当初思っていたほど簡単ではありません。どんなスキャナでもスキャナ自身のバグや、スキャナが読み取るセキュリティアドバイザリのデータフィードの欠陥によって、偽陽性や偽陰性が発生するケースを見つけることがよくあります。

とはいえ、スキャナを導入していないよりは、導入しているほうがよいのは間違いありません。スキャナを導入し、定期的に使用していなければ、自分のソフトウェアが簡単に悪用されてしまうかどうかを知る術がないのです。この点については、時間が解決してくれるわけではありません。Shellshock の重大な脆弱性は、数十年前のコードから発見されました。複雑な依存関係がある場合、いずれその中から脆弱性が発見されることを予想しておく必要があります。

誤検出にはイライラさせられますが、いくつかのツールでは、個々の脆弱性レポートをホワイトリストに登録し、今後受け入れるかどうかを自分で決めることができるようになっています。

スキャナを導入することは良いことだと確信したのであれば、次はそれをチームのワークフローに取り入れるための選択肢を考えてみましょう。

7.9 CI/CDパイプラインにおけるスキャン

図7-2のように、CI/CDパイプラインが左から右へ流れていくとします。左端が「コードの記述」で、右端が「本番環境へのデプロイ」となります。このパイプラインの中で、できるだけ早い段階で問題を取り除くほうが、より早く、低コストで済みます。これは、バグを見つけて修正するのが、開発中よりもデプロイ後のほうがはるかに時間とコストがかかるのとまったく同じことです。

従来のホストベースのデプロイメントでは、ホスト上で動作するすべてのソフトウェアが同じパッケージを共有します。組織のセキュリティチームは、通常、これらのパッケージを定期的にセキュリティ修正プログラムで更新する責任があります。この活動は、各アプリケーションのライフサイクルの開発およびテスト段階から大きく切り離されており、デプロイメントパイプラインの右側に位置しています。異なるアプリケーションが同じパッケージを共有しているにもかかわらず、そのパッケージの異なるバージョンが必要となるという問題がしばしば発生することがあり、複雑な依存関係の管理と、場合によってはコードの変更が必要になります。

一方、第6章で説明したように、コンテナベースのデプロイでは、各イメージに独自の依存関係が含まれているため、異なるアプリケーションコンテナで、必要に応じて各パッケージの独自のバージョンを持つことができます。アプリ

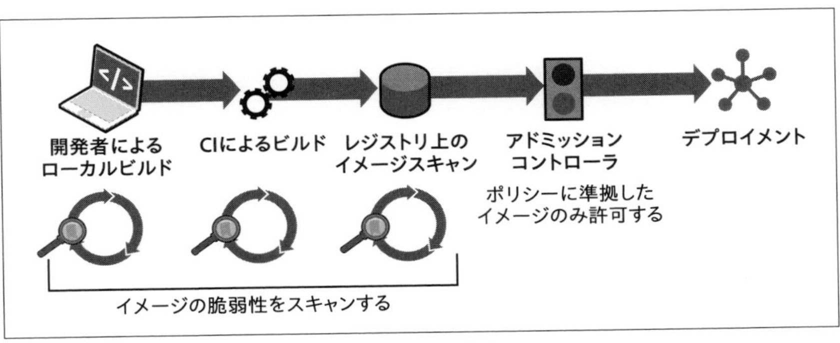

図7-2　CI/CDパイプライン上で脆弱性をスキャンする

ケーションのコードと、それらが使用する依存関係との間の互換性を心配する必要はありません。さらに、コンテナイメージのスキャンツールの存在により、脆弱性管理はパイプラインの中で「左に寄せる（シフトレフトする）」ことができます。

セキュリティチームは、自動化されたパイプラインに脆弱性スキャンを含めることができます。脆弱性に対応する必要がある場合、開発者はアプリケーションのコンテナイメージを更新して再構築すれば、パッチが適用されたバージョンを含めることができます。チームメンバーが手動で行う必要はありません。

前掲の**図7-2**に示しているように、スキャンを導入できる場所はいくつかあります。

開発者によるスキャン

デスクトップ上に簡単にデプロイできるスキャナを使用すれば、開発者自身がローカルのイメージビルドをスキャンして問題を発見し、ソースコードリポジトリにpushする前に修正する機会を与えることができます。

ビルド時のスキャン

コンテナイメージビルド直後にスキャンを行うステップをパイプラインに組み込むことを検討してください。スキャンによって特定の深刻度以上の脆弱性が発見された場合、ビルドを失敗させ、デプロイされないようにすることが

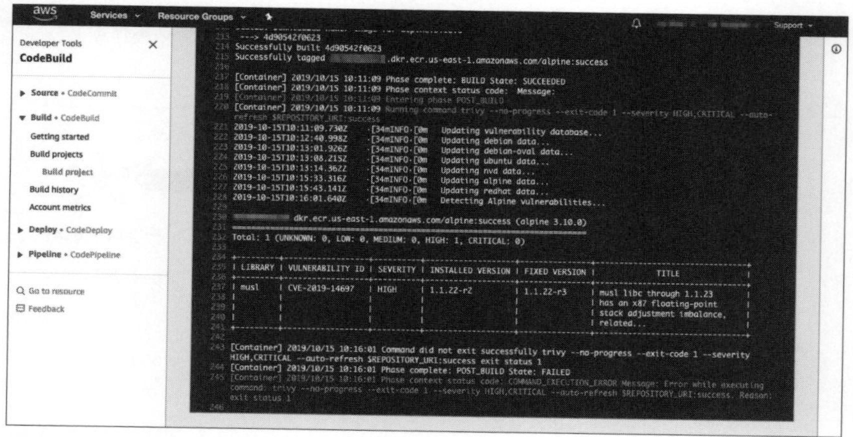

図7-3　重大度の高い脆弱性が検出されたときにビルドが失敗する例

できます。**図7-3**は、Dockerfileからイメージをビルドし、スキャンするAWS CodeBuildプロジェクトの出力を示しています。この例では、深刻度の高い脆弱性が検出され、これによりビルドが失敗しています。

レジストリスキャン

イメージがビルドされた後、パイプラインは通常それをイメージレジストリにpushします。しばらく再ビルドされていないイメージで使用されているパッケージに新しい脆弱性が発見された場合に備えて、定期的にイメージをスキャンするのは有効的な方法です。

Memo

以下の記事には、異なるCI/CDパイプラインソリューションにさまざまなスキャナを組み込む方法について有益な情報が記載されています。

- AWSのCodePipelineでTrivyを使ってイメージをスキャンする
  https://aws.amazon.com/jp/blogs/containers/scanning-images-with-trivy-in-an-aws-codepipeline/
- Container Scanning（GitLab）
  https://docs.gitlab.com/ee/user/application_security/container_scanning/
- Aquaを使ったCodefreshパイプラインでのDocker Image Scanning（Aqua Blog）
  https://blog.aquasec.com/docker-security-image-scanning-codefresh

おそらく、コンテナのスキャンをデプロイの時点まで待ちたくないでしょう。なぜなら、同じコンテナイメージからすべてのインスタンスが生成されるにもかかわらず、コンテナのインスタンスごとにスキャンが実行されるからです。コンテナをイミュータブルなものとして扱うことができると仮定すると、スキャンすべきなのはコンテナではなくイメージになります。

7.10 脆弱なイメージの実行防止

スキャナを使ってイメージに重大な脆弱性があるかどうかを確認することも大切ですが、脆弱性を含むイメージがデプロイされないようにすることも必要です。これは**図7-2**に示すように、アドミッションコントロール（第6章の6.11節で解説）のステップの一部として行うことができます。もし、スキャンされたイメージのみがデプロイされることを保証するチェックがなければ、脆弱性スキャナをバイパスすることは比較的容易でしょう。

一般的に、商用の脆弱性スキャナは、アドミッションコントロールとスキャン結果を関連付ける、より広範なプラットフォームの一部として販売されています。Kubernetesのデプロイメントでは、Open Policy Agent（OPA）監注2を使用して、イメージが脆弱性スキャンに合格しているかどうかのチェックを含む、カスタムアドミッションコントロールチェックを実施することが可能です。GoogleもまたKritis[15]プロジェクトの一環としてこれらに取り組んでいます。

本章ではこれまで、アプリケーションコードが依存する依存関係における既知の脆弱性について説明してきました。しかし、これでは**ゼロデイ**と呼ばれる重要な脆弱性を見逃すことになります。

7.11 ゼロデイ脆弱性

本章の7.1節「脆弱性調査」では、既存のソフトウェアを悪用する、新しいエクスプロイトを探しているセキュリティ研究者が世界中に存在することを説明

監注2 https://www.openpolicyagent.org

[15] https://github.com/grafeas/kritis

しました。新しい脆弱性が発見された場合、その問題に対処する修正プログラムが公開されるまである程度時間がかかります。修正プログラムが公開されるまでその脆弱性は、修正プログラムが公開されてから日が経っていないため**ゼロデイ脆弱性**と呼ばれます（セキュリティパッチの適用には30日程度まで待つことが常識とされていた時代から、それほど時間が経過していないのです。この間にどれだけの攻撃を仕掛けられるかを考えるとぞっとします）。

サードパーティのライブラリに攻撃者が悪用できるバグが存在する可能性があるとすれば、これと同じことが、あなたのチームが書いているアプリケーションを含む、あらゆるコードに当てはまります。ピアレビュー、静的解析、およびテストはすべて、コードのセキュリティ問題を特定するのに役立ちますが、いくつかの問題がすり抜ける可能性もあります。あなたが属する組織の種類とそのデータが持つ価値によっては、このような不具合を見つけ出そうとする潜在的な攻撃者が世の中にいるかもしれません。

良いニュースとしては、脆弱性が公開されていない場合、世界中の潜在的な攻撃者の大多数は、あなたと同じように、その脆弱性を知らないということです。

悪いニュースは、巧妙な攻撃者や国家機関が、まだ公表されていない脆弱性の情報を持っている可能性が高いということです。Edward Snowdensの暴露記事[16]から私たちはこの事実を知っています。

脆弱性データベースといくら照合しても、まだ公開されていない脆弱性は特定できません。エクスプロイトの種類と深刻度によっては、第8章で説明するサンドボックス化によってアプリケーションとデータを十分に保護できるかもしれません。ゼロデイ攻撃を防御するための最善の方法は、実行時に異常な動作を検出して防止することですが、これについては第13章で説明します。

[16] https://www.schneier.com/blog/archives/2016/08/the_nsa_is_hoar.html

7.12 まとめ

本章では、脆弱性調査や、多様な脆弱性問題に割り当てられるCVE識別子について見てきました。NVDだけに頼らず、ディストリビューション固有のセキュリティアドバイザリ情報を入手することが重要な理由もわかりました。スキャナによって結果が異なる理由が理解できれば、どのツールを使用するかを決定するときに役立ちます。どのスキャナを選ぶにせよ、CI/CDパイプラインにコンテナイメージスキャンを組み込む必要があることを納得していただけたと思います。

Chapter

8

コンテナ分離の強化

第3章と第4章では、コンテナが同一ホスト上で動作しているにもかかわらず、コンテナによってワークロードが分離されることを説明しました。本章では、ワークロード間の分離を強化するために使用できる、より高度なツールやテクニックについて学びます。

例として、2つのワークロードがあり、それらが干渉し合わないようにする場合を考えてみましょう。1つの目の方法は、ワークロード同士が互いを認識しないように分離することで、コンテナや仮想マシンが行っていることを高いレベルで実現します。もう1つの方法は、一方のワークロードが他のワークロードをなんらかの形で認識したとしても、ワークロードに影響を与えるアクション自体を取ることができないように制限するというものです。このようにアプリケーションを分離してリソースへのアクセスを制限する手法は**サンドボックス**として知られています。

アプリケーションをコンテナとして実行する場合、コンテナはサンドボックスに最適化されたオブジェクトとして機能します。コンテナを起動するたびに、そのコンテナ内でどのようなアプリケーションコードが実行されているのかがわかります。仮にアプリケーションが侵害された場合、攻撃者は通常の動作から外れたコードをアプリケーション内で実行しようとするかもしれません。サンドボックスの仕組みを利用することで、コード内での実行範囲を制限し、攻撃者がシステムに影響を与えないようにします。最初に**seccomp**という機能を紹介します。

8.1 seccomp

第2章の2.1節「システムコール」では、システムコールがアプリケーションに代わり、特定の操作の実行をカーネルに求めるインタフェースを提供すると説明しました。seccompは、アプリケーションが実行できるシステムコールを制限する機能です。

seccomp（「secure computing mode」の意）は2005年、Linuxカーネルに初

めて導入されました。seccompの機能を有効にすると、次のような非常に少数のシステムコールしか行えなくなります。

- **sigreturn** …… シグナルハンドラから返ります。
- **exit** …… プロセスを終了します。
- **read**、**write** …… ただし、セキュアモードに移行する前、すでに開いていたファイル記述子を使用する場合に限ります。

仮に信頼できないコードがseccompが有効な状態で実行されても、悪意ある行動は何も行えません。ただ残念なことに、この状態では多くのコードは有用なことが何もできない、という副作用があります。サンドボックスがあまりにも限定的だったのです。

2012年、**seccomp-bpf**と呼ばれる新しい手法がカーネルに追加されました。これはBerkeley Packet Filtersを使用することによって、特定のシステムコールが許可されているか判断できます。また、プロセスに適用されたseccompプロファイルに基づき、各プロセスは独自のプロファイルを持つことができます。

BPF seccompフィルタは、システムコールのオペコードと呼び出しのパラメータを見ることで、その呼び出しがプロファイルで許可されているかどうかを判断できます。プロファイルは、システムコールが与えられたフィルタとマッチングしたときに何をするかを示します。たとえば、「エラーを返す」「プロセスを終了させる」「トレーサーを呼び出す」などのアクションが可能です。しかし、コンテナの世界ではほとんどの場合、プロファイルはシステムコールを許可するか、エラーを返すかのどちらかのみが使用されます。これはつまり、システムコールをホワイトリストまたはブラックリストに登録すると考えることができます。

これはコンテナの世界では非常に役に立ちます。コンテナ化されたアプリケーションは、極めて特殊な状況下でない限り、本来行う必要のないシステムコールが存在するからです。たとえば、コンテナ化されたアプリケーションでホストマシンの時刻を変更されたくない場合があります。この時、システムコールである`clock_adjtime`と`clock_settime`へのアクセスをブロックすることは理にかなっています。コンテナでカーネルモジュールを変更することはほとんどないので、`create_module`、`delete_module`、`init_module`を呼び出す必要はないでしょう。Linuxカーネルにはkeyringがありますが、namespaceで管理されていないので、コンテナが`request_key`や`keyctl`の呼び出しをブロックするとよいかもしれません。

Dockerのデフォルトseccompプロファイル❶は、300以上のシステムコールのうち40以上（上に挙げた例をすべて含む）をブロックします。ただし、それによってコンテナ化されたアプリケーションの大部分には悪影響を及ぼすことはありません。特別な理由がない限り、seccompプロファイルをデフォルトで使用するのがよいでしょう。

残念なことに、Dockerではseccompがデフォルトで使用されていますが、Kubernetesにはデフォルトで適用されるseccompプロファイルはありません（コンテナランタイムとしてDockerを使用している場合も同様です）。少なくとも本書執筆時点では、seccompのサポートはAlpha機能 監注1 であり、PodSecurityPolicy❷のアノテーションを使用してプロファイルを適用できます。

Memo

Jess Frazelleはcontained.af（`https://contained.af/`）サイトでseccompプロファイルを効果的に使い、コンテナとseccompの分離の強さを実証しています。この記事を書いている時点では、数年にわたる試みにもかかわらず、侵入されたことは一度もありません。

さらに制限を強めるために、コンテナをさらに小さなシステムコールのグループで制限したい場合もあります。理想は各アプリケーションが必要とするシステムコールを正確に許可するような、各アプリケーションに合わせたプロファイルが存在することです。このようなプロファイルを作成するには、いくつかの異なるアプローチがあります。

- `strace`を使用すると、アプリケーションから呼び出されるすべてのシステムコールを追跡できます。Jess Frazelleはブログ❸で、デフォルトのDocker seccompプロファイルを生成してテストするために、これをどの

---

❶ `https://docs.docker.com/engine/security/seccomp/`

監注1 Kubernetes 1.19（リリース日：2020/08/26）でstableとなりました。

❷ `https://kubernetes.io/docs/concepts/security/pod-security-policy/#seccomp`

❸ `https://blog.jessfraz.com/post/how-to-use-new-docker-seccomp-profiles/`

ように行ったかについて説明しています。

- システムコールのリストを取得するより現代的な方法は、eBPF（extended Berkeley Packet Filterの意）ベースのユーティリティを使用することです。seccompはBPFを使用して、送信されるシステムコールを制限していることを考えると、eBPFを使用してシステムコールのリストを取得できることに大きな驚きはないでしょう。falco2seccomp[4]やtracee[5]のようなツールを使って、コンテナが生成しているシステムコールをリストアップできます。
- seccompプロファイルを自分で作成するのが大変だと思われる場合には、商用のコンテナセキュリティツールを利用するのもよいでしょう。これらのツールの中には、個々のワークロードを観察し、カスタムseccompプロファイルを自動的に生成する機能を備えているものもあります。

Memo

straceの根底にある、基礎的な技術に興味がある方は、筆者が数行のGoを使って非常に基本的なstraceの実装を作成したYouTubeの講演動画•をご覧ください。

- GopherCon 2017: Liz Rice - A Go Programmer's Guide to Syscalls
  https://www.youtube.com/watch?v=01w7viEZzXQ

8.2 AppArmor

AppArmor[6]（「Application Armor」の略）は、Linuxカーネルで有効にできるLSM（Linux Security Module）の1つです。AppArmorでは、プロファイルを実行可能ファイルに関連付けることができます。capabilityおよびファ

---

4. https://github.com/nevins-b/falco2seccomp
5. https://github.com/aquasecurity/tracee
6. https://gitlab.com/apparmor

イルアクセスパーミッションなどから判断して、そのファイルに何が許可されるかを決めます。これらについては第2章で説明したことを思い出してください。AppArmorがカーネルで有効になっているかどうかを確認するには、/sys/module/apparmor/parameters/enabledファイルを調べます。Y（有効）が見つかれば、AppArmorは有効になっています。

AppArmorおよびその他のLSMは、**強制アクセス制御** 監注2（Mandatory Access Control: MAC）を実装しています。MACは管理者によって設定され、一度設定されると、他のユーザーはその制御を変更したり、他のユーザーに渡したりすることができません。これは、**任意アクセス制御**（DAC）であるLinuxファイルパーミッションとは対称的です。つまり、私がユーザーアカウントのファイルを所有している場合、他のユーザーにそのファイルへのアクセスを許可したり（MACで上書きされない限り）、私自身が不用意にファイルを変更しないように、私のユーザーアカウントでも書き込み不可に設定したりできます。MACを使用すると、管理者は自分のシステムで発生する可能性のあることをより詳細に、個々のユーザーが上書きできない方法で制御することができます。

AppArmorには、プロファイルに対して実行ファイルを実行し、違反があればログに記録される「complain」モードがあります。このログを使用してプロファイルを更新し、最終的に新たな違反が発生しないことを目標に、その時点でプロファイルの強制を開始できます。

Memo

コンテナ用のAppArmorプロファイルを作成するには、bane● の使用を検討する必要があります。

● https://github.com/genuinetools/bane

プロファイルを入手したら/etc/apparmorディレクトリの下にインストールし、apparmor_parserというツールを実行して読み込みます。/sys/kernel/security/apparmor/profilesを見ることで、ロードされているプロファイルを確認できます。

docker run --security-opt="apparmor:<profile name>" ... という

監注2 https://ja.wikipedia.org/wiki/強制アクセス制御

dockerコマンドでコンテナを実行すると、プロファイルで許可された動作しかとれないようにコンテナが制限されます。containerdとCRI-OもAppArmorをサポートしています。

デフォルトのDocker AppArmorプロファイルがありますが、seccompと同様に、Kubernetesではデフォルトで使用されないので注意が必要です。Kubernetes Pod内のコンテナで任意のAppArmorプロファイルを使用するには、アノテーション[7]を追加する必要があります。

8.3 SELinux

SELinux（Security-Enhanced Linux）はLSMの一種で、Red Hatが開発しましたが、歴史的（または少なくともWikipedia[8]）には、アメリカ国家安全保障局によるプロジェクトにルーツがあるとされています。Red Hatのディストリビューション（RHELまたはCentOS）をホストで実行している場合、SELinuxはすでに有効になっている可能性が高いです。

SELinuxは、プロセスがファイルや他のプロセスにアクセスできるかどうかを制限します。各プロセスはSELinuxドメインの下で実行されます。このドメインはプロセスが実行されているコンテキストと考えることができ、各ファイルはタイプを持っています。`ls -lZ`を実行すると、各ファイルに関連するSELinux情報を調べることができます。また同様に、psコマンドに-Zを付けて実行すると、プロセスにおけるSELinuxの詳細を取得できます。

SELinuxのパーミッションと通常のDAC Linuxのパーミッション（2.2節を参照）の主な違いは、SELinuxではパーミッションがユーザーIDとは関係なく、完全にラベルで記述されていることです。つまり、DACとSELinuxの両方から許可されなければいけないのです。

[7] https://kubernetes.io/docs/tutorials/security/apparmor/
[8] https://en.wikipedia.org/wiki/Security-Enhanced_Linux

マシン上のすべてのファイルは、ポリシーを適用する前にSELinuxの情報をラベル付けする必要があります。これらのポリシーは、特定のドメインのプロセスが特定のタイプのファイルに対してどのようなアクセスを行うかを指示できます。具体的には、あるアプリケーションが自分自身のファイルにのみアクセスできるように制限し、他のプロセスがこれらのファイルにアクセスできないようにできるということです。アプリケーションが危険にさらされた場合、通常のDACで許可されている場合でも、影響を与えることができるファイル群が制限されます。SELinuxが有効な場合、ポリシー違反が強制されるのではなく、ログに記録されるモードがあります（AppArmorで説明したものと同様です）。

アプリケーションに効果的なSELinuxプロファイルを作成するには、そのアプリケーションがアクセスする必要のあるファイルについて、Happy Path[9]とError Pathの両方で深い知識を必要とします。一部のベンダーは、自社のアプリケーション用にプロファイルを提供しているところもあります。

Memo

もしSELinuxについてさらに学びたいのであれば、DigitalOceanによる良いチュートリアル「An Introduction to SELinux on CentOS 7」[●1]がありますし、Daniel Walshのビジュアルガイド「Your visual how-to guide for SELinux policy enforcement」[●2]も良いかもしれません。「Docker and SELinux (Project Atomic)」[●3]は、SELinuxがDockerとどのように相互作用するかについて詳細を解説しています。

●1 https://www.digitalocean.com/community/tutorial_series/an-introduction-to-selinux-on-centos-7

●2 https://opensource.com/business/13/11/selinux-policy-guide

●3 https://projectatomic.io/docs/docker-and-selinux/

これまでseccomp、AppArmor、SELinuxのセキュリティ機能を見てきましたが、すべてプロセスの動作を低レベルで監視しています。必要なシステムコールや、機能の正確なセットから完全なプロファイルを生成するのは容易ではありません。また、アプリケーションを少し変更するだけで、実行するためにプロファイルを大幅に変更しなければならないこともあります。アプリケーション

9 https://en.wikipedia.org/wiki/Happy_path

の変更に合わせてプロファイルを維持するのは大幅な負担となります。その結果、人々は制限のゆるいプロファイルを使用するか、プロファイルを完全に無効化する傾向にあります。デフォルトのDocker seccompとAppArmorのプロファイルは、アプリケーションごとのプロファイルを生成するリソースがない場合、いくつかの有用な防御策を提供しています。

しかし、これらの保護メカニズムは、ユーザー空間アプリケーションにてできることを制限していますが、まだ共有カーネルが存在することに注目する必要があります。Dirty COW[10]のようなカーネル自体の脆弱性は、これらのツールのいずれによっても防ぐことはできないでしょう。

本章ではこれまで、コンテナに適用し、そのコンテナのパーミッションを制限するセキュリティ機能について見てきました。次に、コンテナと仮想マシンの分離の中間に位置するサンドボックス化技術について見ていきます。

8.4 gVisor

GoogleのgVisorは、ハイパーバイザがゲスト仮想マシンのシステムコールを傍受するのと同じように、システムコールを受信してコンテナをサンドボックス化します。

gVisorのドキュメント[11]によると、gVisorは「ユーザー空間カーネル」ということになっています。この表現は矛盾しているように思えますが、多くのLinuxシステムコールが準仮想化によってユーザー空間に実装されることを意味しています。5.4節で少し説明したように、準仮想化とはホストカーネルで実行されるはずの命令を再実装することです。

そのために、Sentryと呼ばれるgVisorのコンポーネントが、アプリケーションからのシステムコールを受け取ります。Sentryはseccompを使って厳重にサ

[10] https://en.wikipedia.org/wiki/Dirty_COW
[11] https://gvisor.dev/docs

ンドボックス化されており、それ自身はファイルシステムのリソースにアクセスできないようになっています。ファイルアクセスに関連するシステムコールを行う必要がある場合は、Goferと呼ばれるまったく別のプロセスに処理を委託します。

ファイルシステムのアクセスに関係のないシステムコールも、ホストカーネルに直接渡すのではなく、Sentryの中で再実装されます。要するに、ユーザー空間で動作するゲストカーネルということになります。

gVisorプロジェクト[12]では、OCI形式のバンドルと互換性のあるrunscという実行ファイルを提供しており、第6章で紹介した通常のrunc OCIランタイムと非常によく似た動作をします。runscを使ってコンテナを実行すると、gVisorのプロセスを簡単に見ることができますが、既存のrunc用のconfig.jsonファイルがある場合、runscと互換性のあるバージョンを再生成する必要があります。以下の例では、6.3節「OCI標準」で使用したAlpine Linux用のバンドルと同じものを実行しています。

```
$ cd alpine-bundle
# Store the existing config.json that works with runc
$ mv config.json config.json.runc
# Create a config.json file for runsc
$ runsc spec
$ sudo runsc run sh
```

別のターミナルで`runsc list`を実行すると、runscによって作成されたコンテナを見ることができます。

```
$ runsc list
ID  PID    STATUS   BUNDLE                        CREATED               OWNER
sh  32258  running  /home/vagrant/alpine-bundle   2019-08-26T13:51:21   root
```

次に別のターミナルを開いて、コンテナ内部で`sleep`コマンドを実行します。`runsc ps <コンテナID>`は、コンテナ内で実行されているプロセスを表示します。

[12] https://gvisor.dev/docs/user_guide/quick_start/oci/

```
$ runsc ps sh
UID       PID       PPID      C         STIME     TIME      CMD
0         1         0         0         14:06     10ms      sh
0         15        1         0         14:15     0s        sleep
```

ここまでは予想どおりですが、ホスト側から処理を見ると非常に興味深いことがわかります（以下の出力は、興味深い部分を示すために編集しています）。

```
$ ps fax
  PID TTY      STAT   TIME  COMMAND
  ...
 3226 pts/1    S+     0:00  |      \_ sudo runsc run sh
 3227 pts/1    Sl+    0:00  |          \_ runsc run sh
 3231 pts/1    Sl+    0:00  |              \_ runsc-gofer --ro
 3234 ?        Ssl    0:00  |              \_ runsc-sandbox
 3248 ?        tsl    0:00  |                  \_ [exe]
 3257 ?        tl     0:00  |                      \_ [exe]
 3266 ?        tl     0:00  |                      \_ [exe]
 3270 ?        tl     0:00  |                      \_ [exe]
```

runsc run プロセスは、2つのプロセスを生成しています。1つはGofer用、もう1つはrunsc-sandboxですが、gVisorのドキュメントではSentryと表記されています。Sandboxは子プロセスを持ち、その子プロセスはさらに3つの子プロセスを持っています。これらの子プロセスと孫プロセスのプロセス情報をホスト側から見ると、4つともrunscという実行ファイルを実行しているという興味深いことがわかります。以下の例では、簡潔にするために、子プロセスと孫プロセスを1つずつ示しています。

```
$ ls -l /proc/3248/exe
lrwxrwxrwx 1 nobody nogroup 0 Aug 26 14:11 /proc/3248/exe -> /usr/local
/bin/runsc
$ ls -l /proc/3257/exe
lrwxrwxrwx 1 nobody nogroup 0 Aug 26 14:13 /proc/3257/exe -> /usr/local
/bin/runsc
```

注目すべきは、これらのプロセスのどれもが、コンテナ内で実行されていることがわかっている、sleep実行ファイルを参照していないことです。また、ホストからより直接的にsleep実行ファイルを見つけようとしても、うまくいきません。

```
vagrant@vagrant:~$ sudo ps -eaf | grep sleep
vagrant  3554 3171  0 14:26 pts/2    00:00:00 grep --color=auto sleep
```

サンドボックス内で動作しているプロセスを見ることができないのは、通常のコンテナよりも通常のVMに近い動作です。また、サンドボックス内で動作しているプロセスの保護も強化されています。たとえ攻撃者がホスト上でrootアクセスを取得したとしても、ホストと実行中のプロセスの間には比較的強い境界が存在します。少なくとも、runscコマンドがなければそうなっているはずです。runscコマンドはexecサブコマンドを提供し、ホスト上のrootとして、実行中のコンテナ内で操作できます。

```
    $ sudo runsc exec sh ps
    PID   USER      TIME  COMMAND
  1 root
 21 root
 22 root
0:00 /bin/sh
0:00 sleep 100
0:00 ps
```

この分離は強力に見えますが、重大な問題が2つあります。

- 1つ目は、Linuxのシステムコール⓭がすべてgVisorに実装されているわけではないことです。もしアプリケーションが未実装のシステムコールを使いたい場合、gVisorの内部では実行できません。この記事の執筆時点では、97 監注3 のシステムコールがgVisorで利用できませんでした。これは、デフォルトのDocker seccompプロファイル⓮でブロックされる約44のシステムコールと比較すると、より多くのシステムコールがブロックされます。

⓭ https://gvisor.dev/docs/user_guide/compatibility/linux/amd64/
監注3 2023年2月現在、88個が未対応。
⓮ https://docs.docker.com/engine/security/seccomp/

- 2つ目は性能です。多くの場合、runcで達成される性能とほとんど変わりませんが、アプリケーションが多くのシステムコールを行う場合、その性能は十分に影響を受ける可能性があります。gVisorプロジェクトでは、パフォーマンスガイド[15]を公開しているので参考にしてください。

gVisorはカーネルを再実装しているため、かなり複雑であり、その複雑さにより、独自の脆弱性（Max Justiczが発見した権限昇格[16]のような）を含む可能性が高まります。

本節で見てきたように、gVisorは通常のコンテナよりも仮想マシンに近い分離手法を採用しています。しかし、gVisorはアプリケーションがシステムコールにアクセスする方法のみに影響します。namespace、cgroup、およびrootファイルシステムの変更は、依然としてコンテナを分離するために使用されます。

本章の残りの部分では、コンテナ化されたアプリケーションの実行に仮想マシンの分離を使用する手法について説明します。

8.5 Kata Containers

第4章で説明したように、通常のコンテナを実行すると、コンテナランタイムはホスト内で新しいプロセスを開始します。これに対してKata Containers[17]が打ち出したのは、コンテナを別の仮想マシン内で実行することです。このアプローチにより、通常のOCI形式のコンテナイメージから、仮想マシンのように分離された状態でアプリケーションを実行することが可能になります。

Kata Containersは、コンテナランタイムと、アプリケーションコードが実行される別のターゲットホストの間にプロキシを使用します。ランタイムプロキシは、QEMUを使用して別の仮想マシンを作成し、コンテナを代理実行します。

[15] https://gvisor.dev/docs/architecture_guide/performance/
[16] https://justi.cz/security/2018/11/14/gvisor-lpe.html
[17] https://katacontainers.io

Kata Containersの批判として、仮想マシンの起動を待たされることが挙げられます。AWSではコンテナを実行するために特別に設計された軽量の仮想マシンを作成し、通常のVMよりもはるかに速い起動時間を実現しています。それが次に紹介するFirecrackerです。

8.6 Firecracker

5.6節「仮想マシンのデメリット」で説明したように、仮想マシンは起動が遅いため、一般的にコンテナで実行される非常に短い時間で区切られたワークロードには不向きです。しかし、非常に高速に起動する仮想マシンがあったらどうでしょうか。Firecrackerは、ハイパーバイザによる安全な分離と共有カーネルを使わないという利点を備えた仮想マシンですが、起動時間が100ミリ秒程度とコンテナに適した性能があります。AWSのLambdaやFargateのサービスに採用されたことにより、広く使われるようになりました。

Firecracker[18]がこれほど高速に起動できるのは、一般的なカーネルには含まれるがコンテナでは不要な機能を削除したためです。デバイスを列挙するのは、システムを起動する際に最も時間がかかる部分の1つですが、コンテナ化されたアプリケーションでは、多数のデバイスを使用する理由はほとんどありません。これを可能にしたのは、必要不可欠なデバイス以外をすべて取り除く「ミニマムデバイスモデル」というFirecrackerの設計思想です。

FirecrackerはユーザーⅠ空間で動作し、Firecracker VMMの下で動作するゲストを設定するためのREST APIを備えています。FirecrackerはゲストOSにKVMベースのハードウェア仮想化を採用しているので、たとえばノートPC上のType 2ベースのゲストOSで動作させることはできません。

最後に、本章で取り上げたい分離手法があります。それはゲストOSのサイズを縮小するため、さらに斬新な方法を採用しています。Unikernelについて見て

[18] https://firecracker-microvm.github.io/

いきましょう。

8.7 Unikernel

仮想マシンイメージで動作するOSは、あらゆるアプリケーションに再利用できる汎用的なものです。当然ながら、アプリケーションはOSのすべての機能を使うことはありません。もし使用しない部分を削除できれば、攻撃対象はより小さくなります。

Unikernelのアイデアは、アプリケーションとそのアプリケーションが必要とするOSの部分からなる専用のマシンイメージを作成するというものです。このマシンイメージはハイパーバイザ上で直接実行でき、通常の仮想マシンと同じレベルの分離を実現しますが、Firecrackerに見られるような軽快な起動時間を実現します。

すべてのアプリケーションは、動作に必要なすべてのものを備えたUnikernelイメージにコンパイルする必要があります。ハイパーバイザは、標準的なLinuxの仮想マシンイメージを起動するのと同じ方法で、このマシンを起動できます。

IBMのNablaプロジェクト[19]は、Unikernelの技術をコンテナに応用しています。Nablaのコンテナは、7つのシステムコールに高度に制限されたセットを使用し、これはseccompプロファイルによって管理されています。アプリケーションからのその他のシステムコールはすべてUnikernelライブラリOSコンポーネント内で管理されます。カーネルのごく一部にしかアクセスしないことで、Nablaコンテナは攻撃対象領域を減らすことができます。欠点は、アプリケーションをNablaコンテナ形式で再構築する必要があることです。

---

[19] https://nabla-containers.github.io/

8.8 まとめ

この章では、アプリケーションコードのインスタンスを互いに分離するさまざまな方法があることを見てきました。これらは私たちが普段「コンテナ」として理解しているものに似ています。

- いくつかのオプションでは、通常のコンテナを使用し、基本的なコンテナの分離を強化するため、追加でセキュリティ対策を取っています。これらは実績のあるものですが、効果的に管理するのが難しいことでも知られています。
- 仮想マシンの分離を実現する新しいソリューションがあります。それがFirecrackerとUnikernelです。
- 最後に、上の2つとは異なる、コンテナと仮想マシンの分離の中間に位置するgVisorのようなサンドボックス技術があります。

今使っているアプリケーションにどの分離方法が適しているかはリスク特性に依存しており、さらにどれを選択するかはパブリッククラウドやマネージドソリューションが提供するオプションによって影響されるかもしれません。現在使用しているコンテナランタイムとそれが強制する分離とは関係なく、ユーザーがこの分離を簡単に無効にする方法があります。第9章ではその方法について見ていきます。

Chapter

9

コンテナエスケープ

第4章では、コンテナがどのように構築され、プロセスを実行しているマシンへの参照が制限されるのかを説明しました。本章では、コンテナの分離を無効にすることが、いかに簡単であるかを見ていきます。

ときには、意図的にコンテナの分離を無効にしたい場合もあります。たとえば、ネットワークの機構部分をサイドカーコンテナに委譲するケースです。しかし、そのようなことをするとアプリケーションのセキュリティが脅かされることになります。

そのようなことにならないために、まずは、コンテナにおいて最も安全でないデフォルトの動作である、rootとしての実行について説明します。

9.1 デフォルトでのコンテナのroot実行

コンテナイメージで非rootユーザーを指定するか、コンテナ実行時にデフォルト以外のユーザーを指定しない限り、コンテナはデフォルトでrootとして実行されます。そして、（user namespaceを設定していない場合に限って）コンテナ内のrootだけでなく、ホストマシン上のrootであることも簡単に確認できます。

この例では、Dockerが提供するdockerコマンドを使用していることを想定しています。dockerのエイリアスを作成し、実際はpodman●を実行しているかもしれません。

- https://podman.io

rootユーザーに関しては、podmanの動作はかなり異なっています。本章の後半でその違いを説明しますが、今のところ、以降の例はpodmanでは動作しないことに注意してください。

非rootユーザーで、dockerを使用してAlpineコンテナ内でシェルを実行し、ユーザーIDを確認します。

```
$ whoami
vagrant
$ docker run -it alpine sh
/ $ whoami
root
```

コンテナを作成するdockerコマンドを実行したのは非rootユーザーであるにもかかわらず、IDの中のユーザーIDはrootになっています。では、これがホスト上のrootと同じであることを、同一のマシン上で別のターミナルを開き、確認してみましょう。コンテナ内でsleepコマンドを実行します。

```
/ $ sleep 100
```

別のウィンドウを開き、このユーザーのIDを確認します。

```
$ ps -fC sleep
UID        PID  PPID  C STIME TTY          TIME CMD
root     30619 30557  0 16:44 pts/0    00:00:00 sleep 100
```

このプロセスは、ホストから見てrootユーザーが所有しています。つまり、コンテナ内のrootはホスト上のrootになります。

コンテナの実行にDockerではなくruncを使っている場合、同様のデモは説得力に欠けます。なぜなら（後述するrootlessコンテナは別として）コンテナを実行するには、まずホスト上でrootになる必要があるからです。これは、一般的にrootだけがnamespaceを作成するのに十分なcapabilityを持っていることに起因します。Dockerでは、rootとして実行されているDockerデーモンが代わりにコンテナを作成します。

Dockerの環境でコンテナがrootとして実行されることは、権限昇格の形態の1つです。それは非rootユーザーが起動したとしても変わりありません。コンテナがrootとして実行されていること自体は必ずしも問題ではありませんが、セキュリティについて検討するときには注意を払わなければいけません。攻撃者がrootとして実行されているコンテナから外に出てしまうと、ホストへの完全なrootアクセスを持つことになり、マシン上のあらゆるものに自由にアクセスできることになります。このような攻撃者からのホスト乗っ取りを防ぐ方法はないのでしょうか。

幸いなことに、コンテナは非rootユーザーで実行できます。それは非rootユーザーIDを指定するか、前述のrootlessコンテナを利用することが実現できます。では、この2つの選択肢について見ていきましょう。

ユーザーIDの上書き

コンテナはユーザーIDを指定することで、実行時にユーザーIDを上書きできます。

runcでは、バンドル内の`config.json`ファイルを修正することによって上書きします。たとえば、`process.user.uid`を次のように変更します。

```
...
"process": {
    "terminal": true,
    "user": {
        "uid": 5000,
        ...
    }
...
}
```

ランタイムはこのユーザーIDを取得し、コンテナ処理に利用します。

```
$ sudo runc run sh
/ $ whoami
whoami: unknown uid 5000
/ $ sleep 100
```

sudoを使ってrootで実行しているにもかかわらず、コンテナのユーザーIDは5000になっていることがホストから確認できます。

```
$ ps -fC sleep
UID          PID  PPID  C STIME TTY          TIME CMD
5000       26909 26893  0 16:16 pts/0    00:00:00 sleep 50
```

第6章で説明したように、OCIに準拠したイメージバンドルは、イメージのrootファイルシステムと実行時の設定情報の両方を保持します。これと同じ情報がDockerイメージに詰め込まれています。次の例では、--userオプションでユーザー設定が上書きされるのを確認できます。

```
$ docker run -it --user 5000 ubuntu bash
I have no name!@b7ca6ec82aa4:/$
```

Dockerイメージに組み込まれたユーザーIDは、DockerfileのUSERコマンドでも変更できます。しかし、公開リポジトリにあるコンテナイメージの大半は、USERの設定がないため、rootを使用するように設定されています。ユーザーIDが指定されていない場合、デフォルトではコンテナはrootとして実行されます。

コンテナ内のroot要件

元々サーバー上で直接動作するように設計された有名なソフトウェアをカプセル化したコンテナイメージは数多くあります。たとえば、Nginxのリバースプロキシやロードバランサのようなものです。これはDockerが普及する前から存在していましたが、今ではDocker Hubでコンテナイメージとして提供されています。少なくとも本書執筆時点では、標準のnginxコンテナイメージはデフォルトでrootとして実行されるよう設定されていました。 nginxコンテナを起動し、その中で動作しているプロセスを確認すると、masterプロセスがrootとして動作していることがわかります。

```
$ docker run -d --name nginx nginx
4562ab6630747983e6d9c59d839aef95728b22a48f7aff3ad6b466dd70ebd0fe
$ docker top nginx
PID         USER      TIME
91413       root      0:00
91458       101       0:00
```

```
COMMAND
nginx: master process nginx -g daemon off;
nginx: worker process
```

nginxがサーバーで実行されているとき、rootとして実行されることは理にかなっています。デフォルトでは、伝統的なポート番号の80でリクエストを受け付けます。小さい番号のポート（1024以下）を開くには、CAP_NET_BIND_SERVICE（2.3節を参照）が必要で、これを確実にする最も簡単な方法は、nginxをrootユーザーとして実行させることです。ポートマッピングはnginxがどのポートでもリッスンできることを意味し、このポートはホスト上のポート番号である80（必要な場合）にマッピングされることを意味します。

rootで実行することが問題であることを認識し、現在では多くのベンダーが、非特権ユーザーである通常のユーザーとして実行するDockerイメージを提供しています。たとえば、nginxのDockerfileリポジトリは、次のGitHubのページで確認できます。

- nginxinc/docker-nginx-unprivileged: Unprivileged NGINX Dockerfiles
  https://github.com/nginxinc/docker-nginx-unprivileged

非rootユーザーで実行可能なnginxイメージを構築するのは比較的簡単です（簡単な例がGitHub❶にあります）。他のアプリケーションの場合、それはより困難で、Dockerfileや設定を少し変更するだけでなく広範囲にわたるコードの変更が必要になることがあります。ありがたいことに、Bitnami❷は多くの一般的なアプリケーションのための非rootコンテナイメージを作成し、メンテナンスしてくれています。

コンテナイメージをroot権限で実行するように設定するもう1つの理由として、yumやaptのようなパッケージマネージャを使用してソフトウェアをインストールするケースへの対応があります。**コンテナイメージのビルド時には**当然ながらインストール作業が含まれます。パッケージをインストールした後は、Dockerfileの後続のステップでUSER命令を実行し、非rootユーザーIDでイメージが実行されるように設定できます。

❶ https://github.com/lizrice/running-with-scissors/blob/master/Dockerfile.user
❷ https://bitnami.com/stacks/containers

筆者としては、いくつかの理由から、コンテナ実行時にソフトウェアパッケージのインストールを許可しないことを強く勧めます。

- まず、非効率的です。ビルド時に必要なソフトウェアをすべてインストールすれば、それは一度だけで済みます。コンテナの新しいインスタンスを作成するたびにそれを繰り返す必要もありません。
- 実行時にインストールされるパッケージは、脆弱性のスキャンが行われていません（第7章を参照）。
- パッケージがスキャンされていないことと関連しますが、次の例は深刻です。コンテナが動作するインスタンスごとに、インストールされているパッケージのバージョンを正確に特定することは困難です。仮に、脆弱性に気づいたとしても、どのコンテナをkillして再デプロイすればよいかがわかりません。
- アプリケーションによっては、コンテナを読み取り専用で実行できます（`docker run`で`--read-only`オプションを使用するか、Kubernetesの`PodSecurityPolicy`で`ReadOnlyRootFileSystem`を`true`に設定する）。そうすれば、攻撃者がコードを仕込むことが難しくなります。
- 実行時にパッケージを追加するということは、パッケージをイミュータブルとして扱わないということです。イミュータブルコンテナのセキュリティ上の利点については、第7章の「イミュータブルコンテナ」（149ページ）を参照してください。

もう1つ、rootユーザーでなければできないこととして、カーネルを改変することがあります。もしコンテナでカーネル改変を許可する場合は、自己責任でお願いします。

Memo

Kubernetesでrootとして実行することの危険性をより深く知りたい場合は、筆者のGitHub●でいくつかのデモを見ることができます。

- https://github.com/lizrice/running-with-scissors

自身が管理しているアプリケーションコードであれば、可能な限り非rootユーザーを使用するか、user namespaceを使用して実行します（4.8節「user namespace」を参照)。これにより、コンテナ内のrootはホスト上のrootと同一ではなくなります。システムがサポートしている場合、user namespaceを使用する実用的な方法の1つは、**rootlessコンテナ**を使用することです。

rootlessコンテナ

第4章を読み終えた読者の方であれば、コンテナを作成するためのアクションを実行するにはroot権限が必要であることをわかっているはずです。root権限を与えることは、複数のユーザーが同じマシンにログインできるような従来の共有マシン環境では原則禁止とされています。たとえば、大学のシステムでは、学生や職員が共有マシンやマシンのクラスタのアカウントを持っていることがよくあります。システム管理者は、コンテナを作成するためにroot権限をユーザーに与えることに当然ながら反対します。root権限を与えると、他のユーザーのコードやデータに対して(故意または過失で)あらゆる操作を行えるようになるからです。

近年、rootlessコンテナイニシアティブ[3]では、非rootユーザーがコンテナを実行できるために必要なカーネルの変更に取り組んでいます。

Memo

Dockerシステムでは、コンテナを実行するために実際にrootになる必要はありませんが、Dockerソケットを介してDockerデーモンにコマンドを送信する権限を持つdockerグループのメンバーである必要があります。これは、**ホスト上でrootを持つことと同じ**であるのを意識しておく必要があります。dockerグループのメンバーであれば誰でもコンテナを起動でき、ご存知のとおり、デフォルトではrootとして実行されることになります。`docker run -v /:/host <image>`のようなコマンドでホストのrootディレクトリをマウントすると、ホストのrootファイルシステムへのフルアクセスも可能になります。

rootlessコンテナは、4.8節で説明したuser namespaceの機能を利用します。ホスト上にある通常の非rootユーザーIDを、コンテナ内のrootにマッピングできます。仮に、なんらかの原因でコンテナから脱出できたとしても、攻撃者が

[3] https://rootlesscontaine.rs

自動的にroot権限を持つことはないため、これは重要なセキュリティ強化になります。

podmanコンテナはrootlessコンテナをサポートしており、Dockerのような特権デーモンプロセスを使用しません。このため、本章の冒頭の例では、dockerをpodmanにエイリアスした場合には異なる挙動をします。

Memo

podmanコンテナの内側と外側のrootについては、Scott McCartyのブログ記事●で詳しく説明されています。

● Understanding root inside and outside a container
https://www.redhat.com/en/blog/understanding-root-inside-and-outside-container

しかし、rootlessコンテナは万能ではありません。通常のコンテナ上でrootとして正常に動作するイメージが、rootlessコンテナでも同じように動作するわけではありません。これは、Linuxのcapabilitiyの動作にいくつかの微妙なところがあるためです。

user namespaceのmanページ[4]にあるように、ユーザーやグループIDだけでなく、capabilityを含む他の属性も分離されます。つまり、user namespaceのプロセスに対してcapabilityを追加または削除すると、そのnamespaceの内部のみに適用されます。rootlessコンテナにcapabilityを追加すると、そのコンテナ内でのみ適用されますが、そのコンテナが他のホストリソースにアクセスすることが想定されている場合には適用されません。

このことに関連した良い例をDaniel Walshがブログ[5]で書いています。そのうちの1つは、CAP_NET_BIND_SERVICEを必要とする、番号の小さいポートへのバインドについてです。通常のコンテナをCAP_NET_BIND_SERVICEで実行し（rootで実行していればデフォルトで権限を持っているはずです）、ホストのnetwork namespaceを共有すれば、どのホストポートにもバインドできます。rootlessコンテナも同様に、CAP_NET_BIND_SERVICEを使用してホストのネットワークを共有していますが、コンテナのuser namespace外ではその

[4] https://man7.org/linux/man-pages/man7/user_namespaces.7.html
[5] https://opensource.com/article/19/5/shortcomings-rootless-containers

capabilityが適用されないため、小さい番号のポートにバインドできないでしょう。

たいていの場合、namespaceによるcapabilityの分離は良いことで、コンテナ化されたプロセスは一見rootとして実行されているように見えます。しかし、時刻の変更やマシンの再起動など、システムレベルでcapabilityを必要とするものを実行する機能はありません。通常のコンテナで実行されるようなアプリケーションの大半は、rootlessコンテナでも正常に実行できます。

rootlessコンテナを使用する場合、コンテナからはプロセスがrootとして実行されているように見えますが、ホストは通常のユーザーとして扱います。その結果、興味深いことに、ユーザーの再マッピングを行わない場合と同じファイルパーミッションをrootlessコンテナは持つとは限らないことになります。これを回避するには、ファイルシステムがuser namespace内のファイル所有者と所有グループを再マッピングする機能を備えている必要があります（本書執筆時点では、すべてのファイルシステムがこれをサポートしているわけではありません）。

今のところ、rootlessコンテナはまだ初期段階にあります。runcやpodmanなどのランタイムでサポートされており、Dockerでも実験的にサポート[監注1][6]されています。ランタイムにかかわらず、Kubernetesではrootlessコンテナの利用はまだオプションとして用意されていませんが、須田瑛大らによってUsernetes[7]と呼ばれる概念実証（Proof of Concept：PoC）が進んでいます。

コンテナ内部にてroot権限で実行すること自体は問題ではありませんが、攻撃者はコンテナから抜け出す方法を見つけなければなりません。「コンテナエスケープ」と呼ばれる脆弱性は時折発見されており、おそらく今後も発見され続けるでしょう。しかし、ランタイムの脆弱性だけがコンテナエスケープを可能にする唯一の方法というわけではありません。本章の後半では、リスクのあるコンテナ設定を用いて、脆弱性を必要とせずにコンテナを簡単にエスケープする方法を紹介します。もちろん、これらのリスクのある設定と、rootとして実行されているコンテナを組み合わせると重大な事故につながる可能性があります。

監注1 Docker 20.10にて、正式にサポートされました。
https://docs.docker.com/engine/release-notes/20.10/#rootless-4

[6] https://medium.com/@tonistiigi/experimenting-with-rootless-docker-416c9ad8c0d6

[7] https://github.com/rootless-containers/usernetes

ユーザーIDの上書きとrootlessコンテナによって、コンテナをrootユーザーとして実行しないようにする方法があります。しかしどのような方法をとるにせよ、rootとしてコンテナを実行しないようにすべきです。

9.2 --privilegedオプションとcapability

Dockerやその他のコンテナランタイムでは、コンテナを実行するときに--privilegedオプションを指定できます。Andrew Martinはこれを「コンピューティング史上最も危険なフラグ」と呼びましたが、それには十分な理由があります。このオプションは非常に強力ですが、広く誤解されている機能でもあります。

--privilegedはコンテナをrootで実行することと同じだと考えられています。もちろん、デフォルトでは、コンテナはrootで実行されるとすでに説明したとおりです。では、--privilegedがコンテナに与える他の特権は何なのでしょうか。

Dockerにおいて、プロセスはデフォルトでrootユーザーIDの下で実行されますが、rootにある通常のLinux capabilityの大部分は当然のことながら付与されていません（capabilityについては、2.3節を参照してください）。

コンテナに付与されているcapabilityを確認するには、capshユーティリティを使用するのが簡単な方法です。次の例では、--privilegedで特権を付与しないコンテナと、特権を付与したコンテナをcapshを実行して比較しています（わかりやすくするために出力の一部を省略しています）。

```
vagrant@vagrant:~$ docker run --rm -it alpine sh -c 'apk add -U libcap; ⮕
 capsh --print | grep Current'
...
Current: = cap_chown,cap_dac_override,cap_fowner,cap_fsetid,cap_kill,ca⮕
p_setgid,cap_setuid,cap_setpcap,cap_net_bind_service,cap_net_raw,cap_sy⮕
s_chroot,cap_mknod,cap_audit_write,cap_setfcap+eip
vagrant@vagrant:~$ docker run --rm -it --privileged alpine sh -c 'apk ⮕
```

```
add -U libcap; capsh --print | grep Current'
...
Current: = cap_chown,cap_dac_override,cap_dac_read_search,cap_fowner,ca⏎
p_fsetid,cap_kill,cap_setgid,cap_setuid,cap_setpcap,cap_linux_immutable⏎
,cap_net_bind_service,cap_net_broadcast,cap_net_admin,cap_net_raw,cap_i⏎
pc_lock,cap_ipc_owner,cap_sys_module,cap_sys_rawio,cap_sys_chroot,cap_s⏎
ys_ptrace,cap_sys_pacct,cap_sys_admin,cap_sys_boot,cap_sys_nice,cap_sys⏎
_resource,cap_sys_time,cap_sys_tty_config,cap_mknod,cap_lease,cap_audit⏎
_write,cap_audit_control,cap_setfcap,cap_mac_override,cap_mac_admin,cap⏎
_syslog,cap_wake_alarm,cap_block_suspend,cap_audit_read+eip
```

--privilegedオプションなしで付与されるcapabilityは実装に依存します。OCIは、runcによって付与されるデフォルトのcapabilityの一覧[8]を定義しています。

このデフォルトセットにはCAP_SYS_ADMINが含まれています。このcapabilityによって、namespaceの操作やファイルシステムのマウントなど、非常に幅広い特権操作が可能になります。

Memo

Eric Chiangは、--privilegedの危険性についてブログ記事[•]を書いています。その中でも、/devからコンテナファイルシステムにデバイスをマウントすることで、コンテナからホストファイルシステムにエスケープする例を示しています。

● https://ericchiang.github.io/post/privileged-containers/

Dockerでは、「Docker in Docker」を有効にするために--privilegedオプションが導入されました。これはコンテナとして動作するビルドツールやCI/CDシステムで広く使われており、Dockerを使用してコンテナイメージを構築するためにはDockerデーモンにアクセスする必要があります。しかし、このブログ記事[9]で説明されているように、「Docker in Docker」や、一般的な--privilegedオプションは注意して使用する必要があります。

--privilegedオプションが危険な理由は、コンテナにはroot権限を与える必要があると考える人が多いため、--privilegedオプションなしで実行され

[8] https://github.com/opencontainers/runc/blob/main/libcontainer/SPEC.md#security

[9] https://jpetazzo.github.io/2015/09/03/do-not-use-docker-in-docker-for-ci/

ているコンテナはrootプロセスではないと逆に考えてしまうからです。このことについてまだ理解していない場合は、9.1節「デフォルトでのコンテナのroot実行」を参照してください。

たとえコンテナを--privilegedオプションで実行する理由があったとしても、本当に必要なコンテナだけにこのオプションを付与するように管理するか、少なくとも監査することをお勧めします。--privilegedオプションの代わりに、それぞれのcapabilityを指定することも検討してください。

第8章で紹介したtraceeツール[10]は、cap_capableイベントをトレースするのに使用できます。またtraceeを使えば、特定のコンテナがカーネルに要求するcapabilityを表示できます。

以下は、nginxコンテナで実行されているイベントの最初の数個をトレースした出力例です。わかりやすくするために出力を一部削除しています。

ターミナル1：

```
$ docker run -it --rm nginx
```

ターミナル2：

```
root@vagrant$ ./tracee.py -c -e cap_capable
TIME(s)  UTS_NAME      UID  EVENT        COMM   PID  PPID  RET  ARGS
125.000  c8520fe719e5  0    cap_capable  nginx  6    1     0    CAP_SETGID
125.000  c8520fe719e5  0    cap_capable  nginx  6    1     0    CAP_SETGID
125.000  c8520fe719e5  0    cap_capable  nginx  6    1     0    CAP_SETUID
124.964  c8520fe719e5  0    cap_capable  nginx  1    3500  0    CAP_SYS_ADMIN
124.964  c8520fe719e5  0    cap_capable  nginx  1    3500  0    CAP_SYS_ADMIN
```

コンテナに必要なcapabilityを把握すれば、最小権限の原則に従って、付与すべき正確なセットを実行時に指定できます。推奨されるアプローチは、以下のようにすべてのcapabilityを削除してから、必要な分だけcapabilityを追加し直すことです。

```
$ docker run --cap-drop=all --cap-add=<cap1> --cap-add=<cap2> <image> ...
```

[10] https://github.com/aquasecurity/tracee

ここまで、--privilegedオプションの危険性と、コンテナのcapabilityを最小限にする必要性を見てきました。コンテナエスケープの別の手法として、ホストから機密性の高いディレクトリをマウントする方法を見てみましょう。

9.3 機密性の高いディレクトリのマウント

-vオプションを使用すると、ホストのディレクトリをコンテナにマウントして、コンテナから利用できるようになります。また、次の例のように、ホストのrootディレクトリをコンテナにマウントするのを防ぐことはできません。

```
$ touch /ROOT_FOR_HOST
$ docker run -it -v /:/hostroot ubuntu bash
root@91083a4eca7d:/$ ls /
bin   dev  home      lib    media  opt   root  sbin  sys  usr
boot  etc  hostroot  lib64  mnt    proc  run   srv   tmp  var
root@91083a4eca7d:/$ ls /hostroot/
ROOT_FOR_HOST  etc              lib          media  root  srv  vagrant
bin            home             lib64        mnt    run   sys  var
...
```

このコンテナを侵害した攻撃者は、ホスト上でrootとなり、ホストの全ファイルシステムにフルアクセスできるようになります。

ファイルシステム全体をマウントするのは極端な例ですが、他にも次のように細かい範囲に及ぶ例がたくさんあります。

- /etcをマウントすることで、コンテナ内からホストの/etc/passwdファイルを変更したり、cronジョブやinit、systemdを変更できるようになります。
- /bin、/usr/bin、/usr/sbinなどのディレクトリをマウントすることにより、コンテナは実行ファイルをホストディレクトリに書き込むことができるようになり、既存の実行ファイルの上書きが可能になります。

- ホストのログディレクトリをコンテナにマウントすることで、攻撃者がそのホスト上で行った不正操作のトレースを消すためにログの変更ができるようになります。
- Kubernetesでは、/var/logをマウントすると、kubectl logsにアクセスできるユーザーであれば、ホストファイルシステム全体へのアクセスが可能になります。これは、コンテナのログファイルは/var/logからファイルシステム内の他の場所へのシンボリックリンクであるためであり、コンテナがシンボリックリンクを他の任意のファイルに向けることを防ぐことはできません。この興味深いエスケープ手法については、Aqua Security社のブログ記事[11]を参照してください。

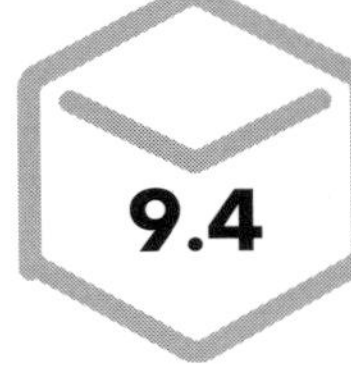

9.4 Dockerソケットのマウント

Docker環境では、基本的にすべての作業を行うDockerデーモンプロセスが存在します。dockerコマンドを実行すると、/var/run/docker.sockにあるDockerソケットを介してデーモンに命令が送られます。このソケットに書き込むことができるエンティティは、Dockerデーモンに命令を送信できます。このデーモンはrootとして動作し、あなたの代わりにソフトウェアをビルドして実行します。これはホスト上でrootとしてコンテナを実行するものを含みます。このように、Dockerソケットへのアクセスは、実質的にホスト上でのroot権限を持つことと同義です。

Dockerソケットのマウントは、JenkinsのようなCIツールで非常によく使われます。パイプラインの一部としてイメージビルドを実行するために、Dockerに命令を送るためにソケットが必要となります。これは一見、もっともな方法ですが、攻撃者によって突破される潜在的な弱点が生まれます。Jenkinsfileを変更できるユーザーは、Dockerにコマンドを実行させることができます。この

[11] https://blog.aquasec.com/kubernetes-security-pod-escape-log-mounts

ような理由から、DockerソケットをマウントするCI/CDパイプラインを本番クラスタで実行することは、バッドプラクティスになります。

9.5 コンテナとホスト間でのnamespaceの共有

時には、コンテナにそのホストと同じnamespaceを使わなければならないことがあります。たとえば、Dockerコンテナ内でプロセスを実行したいが、ホストのプロセス情報にアクセスを許可したい場合があったとします。Dockerでは、--pid=hostパラメータでこれを要求できます。

コンテナ化されたプロセスはすべてホストから見えるので、プロセスのnamespaceをコンテナに共有すると、そのコンテナから他のコンテナ化されたプロセスも見えるようになることを思い出してください。次の例では、まずsleepを実行しています。このプロセスは--pid=hostとともに起動した他のコンテナから観測することができます。

```
vagrant@vagrant$ docker run --name sleep --rm -d alpine sleep 1000
fa19f51fe07fca8d60454cf8ee32b7e8b7b60b73128e13f6a01751c601280110
vagrant@vagrant$ docker run --pid=host --name alpine --rm -it alpine sh
/ $ ps | grep sleep
30575 root 0:00 sleep 1000 30738 root 0:00 grep sleep /$
```

興味深いことに、2番目のコンテナからkill -9 <pid>を実行すると、1番目のコンテナ内のsleepプロセスをkillすることができるのです。

コンテナ間あるいはコンテナ－ホスト間でnamespaceやボリュームを共有すると、コンテナの分離が弱まり、セキュリティが損なわれる可能性があることについて説明してきました。しかし、コンテナ同士の情報を共有することは**必ずしも悪い考えというわけではありません。**本章の締めくくりとして、サイドカーコンテナについて見てみましょう。サイドカーコンテナが使われるのには妥当な理由があり、よく使用されるパターンです。

9.6 サイドカーコンテナ

サイドカーコンテナは、アプリケーションコンテナのnamespaceに意図的にアクセスすることで、アプリケーションから機能を委譲できます。マイクロサービスアーキテクチャでは、すべてのマイクロサービスで再利用したい機能があるかもしれません。一般的なパターンとしては、サイドカーコンテナイメージに再利用したい機能をパッケージ化することです。ここでは、一般的な例を示します。

- サービスメッシュサイドカーは、アプリケーションコンテナに代わってネットワーク機能を引き継ぎます。たとえば、サービスメッシュでは、すべてのネットワーク接続において相互TLS（mutual TLS：mTLS）を使用可能です。この機能をサイドカーに委譲することで、コンテナがサイドカーとともにデプロイされている限り、安全なTLS接続の確立が可能になります。これで、アプリケーションチームがアプリケーションコード内でTLS接続を有効化するために時間を費やす必要がなくなります（サービスメッシュの詳細については、次章の10.8節「サービスメッシュ」を参照してください）。
- オブザーバビリティのためのサイドカーは、ロギング、トレーシング、メトリクス収集のための宛先と設定ファイルを構成できます。Prometheus[12]とOpenTelemetry[13]は、収集したデータをエクスポートするためのサイドカーをサポートしています。
- セキュリティのためのサイドカーは、アプリケーションコンテナ内で許可される実行ファイルとネットワーク接続を監視できます（たとえば、サイドカーコンテナでAqua Security社のMicroEnforcerを使ったAWS Fargateコンテナのセキュリティに関する筆者のブログ記事[14]や、

[12] https://prometheus.io/docs/instrumenting/exporters/
[13] https://github.com/open-telemetry/opentelemetry-collector
[14] https://blog.aquasec.com/securing-aws-fargate-with-sidecars

Twistlock[15]の関連ソリューションを参照してください。

いずれの製品も、サイドカーコンテナがアプリケーションコンテナとnamespaceを共有する方法の1つにすぎません。

9.7 まとめ

本章では、通常、コンテナによって提供される分離が、不適切な設定によって損なわれる可能性があるいくつかの方法について説明しました。

すべての設定項目は、確かな理由があって提供されています。たとえば、ホストディレクトリをコンテナへマウントするのは非常に便利です。そして、場合によってはコンテナをrootとして、あるいは`--privileged`オプションによって提供される追加のcapabilityで実行するオプションが必要な場合もあります。しかし、セキュリティを重視するのであれば、このような潜在的に危険性を孕んだ設定が使用される範囲を最小限に抑え、そうした設定を検知するためのツールを採用したいものです。

マルチテナント環境で運用する場合、これらの潜在的に危険な設定を持つコンテナに対して、さらに注意を払う必要があります。すべての`--privileged`を持ったコンテナは、同一ホスト上のあらゆるコンテナにフルアクセスできます。同じKubernetes Namespaceで実行されているかどうかといった比較的表面的な制御は関係ありません。

9.6節「サイドカーコンテナ」では、ネットワーク機能の委譲が可能なサービスメッシュについて触れました。次章では、コンテナネットワークについて見ていきましょう。

---

[15] `https://www.paloaltonetworks.com/prisma/cloud`

Chapter

10

コンテナネットワークセキュリティ

外部からの攻撃はすべてネットワークを介してデプロイメントに到達します。したがって、アプリケーションやデータを保護する方法を検討するには、ネットワークについてある程度理解しておくことが重要です。本書では、ネットワークに関わる事項を網羅的に取り扱うものではありませんが、コンテナのデプロイメントにおけるネットワークセキュリティを検討する際に必要な知識について解説します。

まず、コンテナファイアウォールの概要から説明します。コンテナファイアウォールは、従来のファイアウォールのアプローチよりもはるかにきめ細かいネットワークセキュリティを実現できます。

また、ネットワークセキュリティがどのようなレベルで機能するかを理解するために、OSI参照モデルについても説明します。これを踏まえて、コンテナファイアウォールがどのように実装されているかを説明し、ネットワークポリシールールのベストプラクティスをいくつか見ていきます。この章の最後では、サービスメッシュのネットワークセキュリティについても触れています。

10.1 コンテナファイアウォール

コンテナは、マイクロサービスアーキテクチャと密接に関係します。マイクロサービスアーキテクチャでは、アプリケーションを小さなコンポーネントに分割し、互いに独立してデプロイします。コンポーネントを小さく分割することで、サービス間通信の仕様を簡単に定義できます。あるコンポーネントは、特定のコンポーネントとのみ通信し、一部のコンポーネントのみが外部と通信します。

たとえば、eコマースアプリケーションをマイクロサービスに分割して考えてみましょう。このマイクロサービスの1つは、Product searchリクエストを処理できます。エンドユーザーから検索リクエストを受け取り、Productデータベースで検索クエリを検索するのです。このサービスを構成するコンテナは、Paymentゲートウェイと通信する必要はありません。その概要を**図10-1**に示しています。

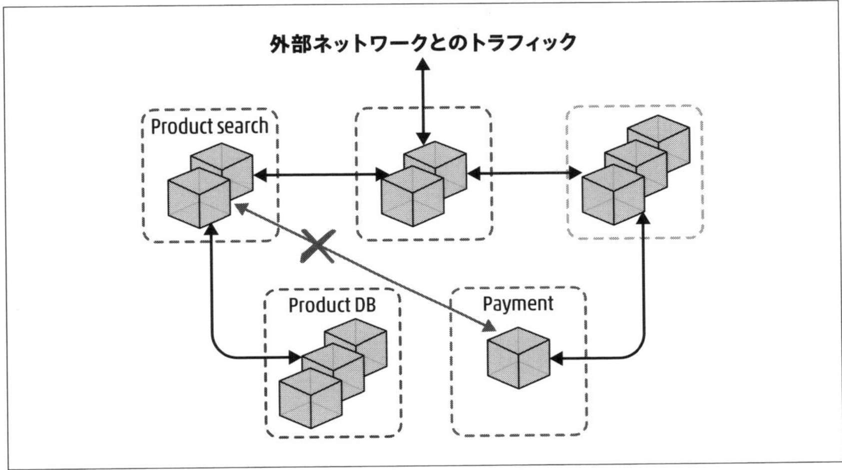

図10-1　コンテナファイアウォール

コンテナファイアウォールは、コンテナとの間で流れるトラフィックを制限できます。Kubernetesのようなオーケストレータでは、「コンテナファイアウォール」という用語はほとんど使われず、代わりにネットワークプラグインのネットワークポリシーを使うことが多いでしょう。どちらの場合も、コンテナのネットワークトラフィックを制限して、承認された宛先との間でのみデータが流れるようにするのが原則です。コンテナファイアウォールは（従来のものと同様に）、通常、ルール外の接続の試みについても報告し、攻撃の可能性を調査するための有用なフォレンジックを提供します。

コンテナファイアウォールは、従来のデプロイメントで利用していた他のネットワークセキュリティツールとも組み合わせることができます。たとえば、次のようなものです。

- コンテナ環境をVirtual Private Cloud（VPC）にデプロイするのはよくあることで、ホストを他の環境から分離できます。
- クラスタ全体を囲むファイアウォールを使って、入出力トラフィックを制御できます。
- APIファイアウォール（WAF、Web Application Firewallsとも呼ばれる）

を使って、レイヤー7（L7）でトラフィックを制限できます。

これらのアプローチはどれも新しいものではありません。これらをコンテナを意識したセキュリティと組み合わせることで、より堅牢な防御が可能になります。コンテナファイアウォールがどのように実現されているのかを見る前に、ネットワークの階層モデルを確認し、ネットワークを通過するIPパケットの流れを追ってみましょう。

10.2 OSI参照モデル

OSI（Open Systems Interconnection）参照モデルは1984年に発表され、現在でもよく参照されるネットワークの階層モデルを定義しています。**図10-2**からわかるように、7つの階層すべてが、IPベースのネットワークプロトコルに対応するというわけではありません。

OSI参照モデル		TCP/IPスイート
レイヤー7	アプリケーション層	HTTP
レイヤー6	プレゼンテーション層	
レイヤー5	セッション層	
レイヤー4	トランスポート層	TCP
レイヤー3	ネットワーク層	IP
レイヤー2	データリンク層	イーサネットなど
レイヤー1	物理層	

図10-2　OSI参照モデル

- L7はアプリケーション層です。アプリケーションがWebリクエストやRESTful APIリクエストを送信する場合、この層が関係してきます。リクエストは通常、URLで指定されリクエストを宛先に届けるため、Domain Name Service（DNS）が提供するドメイン名解決と呼ばれるプロトコルを使用します。このプロトコルにより、ドメイン名がInternet Protocol（IP）アドレスにマッピングされます。

- L4はトランスポート層で、通常はTCPまたはUDPパケットです。この層でポート番号が適用されます。
- L3はネットワーク層で、IPパケットが通過する層です。IPルーターもこの層で動作します。IPネットワークには、それに割り当てられた一連のIPアドレスがあり、コンテナがネットワークに参加すると、それらのIPアドレスの1つが割り当てられます。本章では、IPネットワークがIPv4とIPv6のどちらを使用しているかは問題としません。
- L2では、データパケットは物理的または仮想的なインタフェースへ接続されたエンドポイントにアドレス指定されます。L2には、イーサネット、Wi-Fi、そして歴史をさかのぼればトークンリングなど、いくつかのプロトコルが存在します。本章では、L2コンテナネットワーキングに主に使用されているイーサネットのみを扱います。L2では、インタフェースはMACアドレスでアドレス指定されます。
- L1は物理層と呼ばれています。物理マシンは、なんらかのケーブルや無線送信機に接続された物理的なネットワークデバイスを持っています。第5章を例に挙げると、VMMがゲストカーネルに仮想ネットワークデバイスへのアクセスを提供しています。たとえばAWSのEC2インスタンスでネットワークインタフェースを取得する場合、これらの仮想インタフェースの1つへアクセスすることになります。コンテナのネットワークインタフェースは、一般的にL1でも仮想化されています。コンテナがネットワークに参加するときはいつでも、そのインタフェースを利用します。

アプリケーションがメッセージを送信しようとするとき、これらの異なるレイヤーで何が起こるかを見てみましょう。

10.3 IPパケットの送信

あるアプリケーションが宛先のURLにリクエストを送信するシナリオを想像してみましょう。このシナリオはアプリケーションが対象であるため、前述の定義からL7で起きていると考えられます。

最初のステップは、そのURLのホスト名に対応するIPアドレスを見つけるためのDNSルックアップ（正引き）です。DNSはローカルに定義されるか（/etc/hostsのように）DNSサーバーにリクエストを行うことで解決されます。

プロトコルスタックがパケットを送信する必要のある宛先IPアドレスを知ると、次のステップはL3でのルーティングの決定で、次の2つの部分から構成されます。

1. IPネットワークではある宛先に到達するまでに、複数のホップが存在することがある。宛先のIPアドレスが与えられたとき、ネクストホップ（パケットの次の送り先）のIPアドレスは何になるか？
2. ネクストホップのIPアドレスに対応するインタフェースは何か？

次に、パケットをイーサネットフレームに変換し、ネクストホップのIPアドレスを、対応するMACアドレスに紐付けする必要があります。これは、IPアドレスをMACアドレスに紐付けするアドレス解決プロトコル（Address Resolution Protocol：ARP）に依存しています。ネットワークスタックが、ネクストホップのIPアドレスに対応するMACアドレスがまだわからない場合、ARPを使用して見つけます。

ネットワークスタックがネクストホップのMACアドレスを取得すると、メッセージはインタフェース上で送信できるようになります。ネットワークの実装によっては、これはポイントツーポイント接続であったり、インタフェースが**ブリッジ**に接続されていたりすることがあります。

ブリッジを理解する最も簡単な方法は、イーサネットケーブルが何本も差し込まれている物理的なデバイスを想像することです。各ケーブルのもう片方の端子は、デバイスのネットワークカードに接続されています。物理的なネットワークカードには、製造元によって固有のMACアドレスがハードコードされています。ブリッジは、そのインタフェースに接続された各ケーブルの遠端にあるMACアドレスを学習します。ブリッジに接続されたすべてのデバイスは、ブリッジを通じて相互にパケットを送信できます。コンテナネットワーキングでは、ブリッジは個別の物理デバイスではなくソフトウェアで実装され、イーサネットケーブルは仮想イーサネットインタフェースに置き換えられています。そのため、メッセージはブリッジに届き、ブリッジはネクストホップのMACアドレスを使用して、どのインタフェースに転送するかを決定します。

メッセージがイーサネット接続のもう一方の端に到着すると、IPパケットは抽出され、L3に戻されます。データは**図10-3**に示すように、プロトコルスタックの異なる層のヘッダーでカプセル化されます。

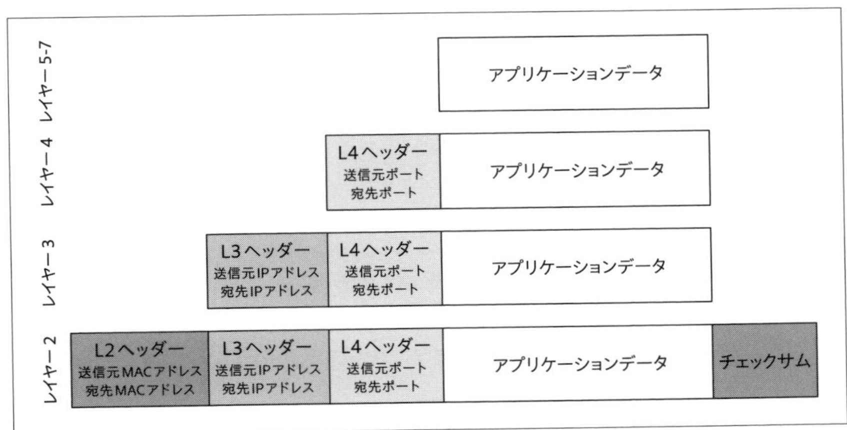

図10-3　ヘッダー

これがパケットの最終目的地である場合、パケットは受信側のアプリケーションに渡されます。もしくは、このパケットの行き先はネクストホップである場合もあります。その場合、ネットワーキングスタックはパケットを次にどこに送るかを決定するために、別のルーティングを決定する必要があります。

本章では、いくつかの詳細（ARPの仕組みや、ルーティングがどのようにネクストホップのIPアドレスを決定するかなど）について触れていますが、コンテナネットワーキングについて考えるという目的にはこれで十分でしょう。

10.4 コンテナのIPアドレス

前節では、IPアドレスに基づいてトラフィックを宛先に到達させる仕組みについて説明しました。コンテナはホストのIPアドレスを共有でき、それぞれのnetwork namespaceで独自のネットワークスタックを動作させることもできます。network namespaceがどのように設定されるかは第4章で説明しました。次は、KubernetesでコンテナのIPアドレスがどのように使用されているかを調べてみましょう。

Kubernetesでは、各Podは独自のIPアドレスを持ちます。Podに複数のコンテナが含まれている場合、各コンテナが同じIPアドレスを共有していると推測できます。これは、Pod内のすべてのコンテナが同じnetwork namespaceを共有することで実現されているからです。すべてのノードはCIDRブロックを使用するように設定されており、Podがノードにスケジュールされると、その範囲からアドレスの1つが割り当てられます。

Memo

ノードが常に前もってアドレス範囲を割り当てられているというのは、厳密には異なります。たとえば、AWSでは、プラグイン式のIPアドレス管理モジュールが、VPCに関連するアドレス範囲からPodにIPアドレスを動的に割り当てます。

Kubernetesでは、クラスタ内のPod同士がネットワークアドレス変換（Network Address Translation：NAT）なしで直接接続できなければなりません。そうしないと、NATによってIPアドレスがマッピングされ、あるエンティティが、宛先デバイスの実際のアドレスではないにもかかわらず、特定のIPアドレスに宛先があるように見えてしまいます。IPv4が当初の目論見以上に長く使われ続けている理由はこのためです。IPアドレスを利用するデバイスの数は、IPv4アドレス空間で利用可能なアドレスをはるかに上回っていますが、NATは、プライベートネットワーク内でIPアドレスの大部分を再利用できることを意味します。Kubernetesでは、ネットワークセキュリティポリシーとセグメンテーションによってPodが別のPodと通信できない場合がありますが、2つのPodが通信できる場合は、NATマッピングなしで透過的に互いのIPアドレスを見ることができます。ただし、Podと外界の間にNATが存在することはあり得ます。

KubernetesのServiceはNATの一種です。KubernetesのServiceはそれ自体がリソースであり、それ自身にIPアドレスが割り当てられます。しかし、これは単なるIPアドレスであり、サービスはインタフェースを持たず、実際にトラフィックをリッスンしたり送信したりするわけではありません。このアドレスはルーティングのために使われるだけです。Serviceは、実際に処理を行う複数のPodと関連付けられているので、Service IPアドレスに送られたパケットは、これらのPodの1つに転送される必要があります。これがL3のルールによってどのように行われるか、これから見ていきます。

10.5 ネットワークの分離

2つのコンポーネントが互いに通信するには、それらが同じネットワークに接続されている場合に限られることを明示的に指摘しておく必要があります。従来のホストベースの環境では、異なるアプリケーションがそれぞれ別のVLANを持つことによって、互いに隔離していたかもしれません。

コンテナの世界では、Dockerは`docker network`コマンドを使用して複数のネットワークを簡単に設定できましたが、Kubernetesでは、すべてのPodが（ネットワークポリシーとセキュリティツールによって制御されながら）IPアドレスによって他のすべてのPodにアクセスできるため、通常の考え方とは異なります。

また、Kubernetesでは、Control PlaneはPodで実行され 監注1 、すべてアプリケーションPodと同じネットワークに接続されていることも特筆すべき点です。

Kubernetesのコンテナネットワークは、L3/L4で動作するネットワークポリ

監注1 Control Planeのコンポーネントは直接バイナリで実行することも可能です。

シー❶を使用してコンポーネント間の通信を制御します。

10.6 L3/L4ルーティングとルール

L3のルーティングは、IPパケットのネクストホップの決定に関係します。この決定は、どのアドレスがどのインタフェースを経由して到達するかという一連のルールに基づいています。しかし、これはL3ルールでできることのほんの一部です。パケットを破棄したり、IPアドレスを操作したりするだけでなく、たとえば負荷分散、NAT、ファイアウォール、ネットワークセキュリティポリシーを実装することもできます。L4でルールを動作させれば、ポート番号にも対応できます。これらのルールは、netfilter❷と呼ばれるカーネル機能に依存しています。

`netfilter`は、バージョン2.4のLinuxカーネルで初めて導入されたパケットフィルタリングフレームワークです。パケットの送信元アドレスと宛先アドレスに基づいて、パケットをどう処理するかを一連のルールを使用して定義します。

ユーザー空間で`netfilter`のルールを設定するには、いくつか方法があります。ここでは、最も一般的な、`iptables`とIPVSを見てみましょう。

iptables

`iptables`は、`netfilter`を使用してカーネルで処理されるIPパケットの処理ルールを設定します。テーブルにはいくつかの種類があり、コンテナネットワーク分野で最も使われているのはfilterテーブルとnatテーブルです。

- **filterテーブル** …… パケットを破棄するか転送するかを決定する

❶ https://kubernetes.io/docs/concepts/services-networking/network-policies/
❷ https://netfilter.org/

● **natテーブル** …… ネットワークアドレス変換を行う

rootユーザーとして、iptables -t <table type> -Lを実行すると、指定したテーブルに設定しているルールを確認できます。

iptablesで設定できるnetfilterルールは、セキュリティの観点で非常に有用です。いくつかのコンテナファイアウォールソリューションやKubernetesネットワークプラグインは、iptablesを利用することでnetfilterルールを用いて実装される高度なネットワークポリシールールを設定しています。これについては、次の10.7節「ネットワークポリシー」で説明します。まず、iptablesで設定できるルールについて掘り下げていきましょう。

Kubernetesでは、kube-proxyがiptablesルールを使って 監注2 サービスへのトラフィックの負荷分散をします。先に述べたように、KubernetesのServiceはService名をPodにマッピングするための抽象化を担うリソースです。Service名は、DNSを使用してIPアドレスに解決されます。そのServiceのIPアドレスを宛先とするパケットが到着すると、宛先アドレスにマッチするiptablesルールが存在し、宛先アドレスに対応するPodの1つのアドレスに転送します。Serviceの背後にあるいずれかのPodが変更された場合、それに応じて各ホストのiptablesルールが書き換えられます。

Serviceのiptablesルールを確認するのはとても簡単です。例として、Serviceの裏側にnginxのレプリカが2つ存在する場合を考えてみましょう（わかりやすくするために出力フィールドをいくつか削除しています）。

```
$ kubectl get svc,pods -o wide
NAME                  TYPE        CLUSTER-IP      PORT(S)
service/kubernetes    ClusterIP   10.96.0.1       443/TCP
service/my-nginx      NodePort    10.100.132.10   8080:32144/TCP

NAME                              READY   STATUS    IP
pod/my-nginx-75897978cd-n5rdv     1/1     Running   10.32.0.4
pod/my-nginx-75897978cd-ncnfk     1/1     Running   10.32.0.3
```

iptables -t nat -Lで現在のアドレス変換ルールを一覧で確認できま

監注2 CNIの1つであるCiliumでは、iptablesの代わりにeBPFが使用されています。
https://cilium.io/blog/2018/04/17/why-is-the-kernel-community-replacing-iptables/

す。出力が多いですが、このnginxのServiceに対応する興味深い部分を見つけるのはそれほど難しくないでしょう。まず、IPアドレス10.100.132.10で動作しているmy-nginx Serviceに対応するルールは以下のとおりです。「KUBE-SERVICES」というチェーンの一部であることがわかります。

```
Chain KUBE-SERVICES (2 references)
target                     prot opt source     destination
...
KUBE-SVC-SV7AMNAGZFKZEMQ4  tcp  --  anywhere   10.100.132.10   /* defau➡
lt/my-nginx:http cluster IP */ tcp dpt:http-alt
...
```

このルールはターゲットチェーンを指定するもので、後ほどiptablesのルールにも登場します。

```
Chain KUBE-SVC-SV7AMNAGZFKZEMQ4 (2 references)
target                     prot opt source     destination
KUBE-SEP-XZGVVMRRSKK6PWWN  all  --  anywhere   anywhere        statistic ➡
mode random probability 0.50000000000
KUBE-SEP-PUXUHBP3DTPPX72C  all  --  anywhere   anywhere
```

このことから、Serviceに対するトラフィックはこれら2つのターゲットの間において、等しい確率で分割されていると推論するのが妥当だと思われます。これらのターゲットがPodのIPアドレス（10.32.0.3および10.32.0.4）に対応するルールを持っていることを見れば、これは非常に理にかなっていると言えるでしょう。

```
Chain KUBE-SEP-XZGVVMRRSKK6PWWN (1 references)
target          prot opt source               destination
KUBE-MARK-MASQ  all  --  10.32.0.3            anywhere
DNAT            tcp  --  anywhere             anywhere            tcp to:10➡
.32.0.3:80
...
Chain KUBE-SEP-PUXUHBP3DTPPX72C (1 references)
target          prot opt source               destination
KUBE-MARK-MASQ  all  --  10.32.0.4            anywhere
DNAT            tcp  --  anywhere             anywhere            tcp to:10➡
.32.0.4:80
```

iptablesの問題点は、各ホストに複雑なルールセットが多数存在する場合、パフォーマンスが落ちる可能性があることです。実際、kube-proxyのiptablesの使用は、Kubernetesがスケールする際にパフォーマンスのボトルネックとして確認されています。Kubernetes Blogの記事❸によれば、2,000のServiceをそれぞれ10 Podで利用すると、各ノードに対して20,000のiptablesルールが追加されることになると指摘しています。これに対処するため、KubernetesはサービスのApplication負荷分散にIPVSを使用できるようにしました。

IPVS

IP Virtual Server（IPVS）は、L4負荷分散またはL4 LANスイッチングと呼ばれることがあります。これもiptablesと同様のルール実装ですが、転送ルールをハッシュテーブルに格納することで負荷分散に最適化されています。

この最適化により、kube-proxyのユースケースでは非常に高いパフォーマンスを発揮しますが、ネットワークポリシーを実装するネットワークプラグインのパフォーマンスについては必ずしもそうではありません。

Memo

Project Calicoがiptablesと IPVSの性能比較•を公開しました。

- Comparing kube-proxy modes: iptables or IPVS?
  https://www.tigera.io/blog/comparing-kube-proxy-modes-iptables-or-ipvs/

IPVSにせよ、netfilterのルールを管理するiptablesにせよ、これらはカーネル内で動作します。カーネルはホスト上のすべてのコンテナで共有されているため、セキュリティポリシーの適用は、各コンテナ内ではなく、ホストレベルで行われることがわかります。

netfilterルールがどのように操作されるかを理解したところで、セキュリティ目的のネットワークポリシーを実装するためにどのように使用されるかを見てみましょう。

---

❸ https://kubernetes.io/blog/2018/07/09/ipvs-based-in-cluster-load-balancing-deep-dive/

10.7 ネットワークポリシー

Kubernetesと他のコンテナデプロイメントの両方で、ネットワークポリシーを適用するさまざまなソリューションがあります。Kubernetes以外では「コンテナファイアウォール」や「ネットワークマイクロセグメンテーション」と呼ばれることもありますが、基本的な原理は同じです。

KubernetesのNetworkPolicyは、異なるPodとの間で伝送されるトラフィックを定義します。ポリシーは、ポート、IPアドレス、Kubernetes Service、またはラベル付けされたPodで定義できます。メッセージを送受信しようとするとき、それがポリシーによって承認されていない場合、ネットワークは接続のセットアップを拒否するか、メッセージパケットを破棄する必要があります。この章の最初に出てきたeコマースの例では、あるポリシーが、支払いサービスの宛先アドレスを持つ商品検索コンテナからのトラフィックを阻止するかもしれません。

多くのネットワークポリシーの実装では、その実装に`netfilter`ルールを利用しています。`iptables`で実装されているKubernetesのネットワークポリシールールを見てみましょう。以下は、access=trueとラベル付けされた場合にのみ、Podが`my-nginx` Serviceにアクセスすることを許可する、シンプルなNetworkPolicyリソースです。

```
apiVersion: networking.k8s.io/v1
kind: NetworkPolicy
metadata:
  name: access-nginx
spec:
  podSelector:
    matchLabels:
      app: my-nginx
  ingress:
  - from:
    - podSelector:
        matchLabels:
          access: "true"
```

このNetworkPolicyを作成すると、フィルタテーブルに次のようなiptablesルールが追加されます。

```
Chain WEAVE-NPC-INGRESS (1 references)
target     prot opt source          destination
ACCEPT     all  --  anywhere        anywhere                 match-set weave-{➡
U;]TI.l|MdRzDhN7$NRn[t)d src match-set weave-vC070kAfB$if8}PFMX{V9Mv2m ➡
dst /* pods: namespace: default, selector: access=true -> pods: namespa➡
ce: default, selector: app=my-nginx (ingress) */
```

NetworkPolicyに合わせたiptablesルールを作成するのは、Kubernetesのコアコンポーネントではなくネットワークプラグイン[4]です。先ほどの例では、チェーン名から推測できるように、ネットワークプラグインとしてWeaveを使っていました。マッチセットルールは人が読むには難しいものですが、このルールがaccess=trueというラベルを持つデフォルトのNamespaceのPodからのトラフィックを許可し、app=mynginxというラベルを持つデフォルトのNamespaceのPodに通信が届くという予想とコメントが一致しています。

Kubernetesがiptablesルールを使ってネットワークポリシーを適用しているのを確認したので、自分たちのルールを設定してみましょう。今回はUbuntuの新規インストールで行うので、ルールは空の状態からスタートします。

```
$ sudo iptables -L
Chain INPUT (policy ACCEPT)
target     prot opt source               destination

Chain FORWARD (policy ACCEPT)
target     prot opt source               destination

Chain OUTPUT (policy ACCEPT)
target     prot opt source               destination
```

8000番ポートでリクエストに応答するようにnetcatを設定します。

```
$ while true; do echo "hello world" | nc -l 8000 -N; done
```

---

❹ https://kubernetes.io/ja/docs/concepts/cluster-administration/addons/#networking-and-network-policy

別のターミナルで、このポートにリクエストを送ることができるようになりました。

```
$ curl localhost:8000
hello world
```

次に、ポート8000のトラフィックを拒否するiptablesルールを作成します。

```
$ sudo iptables -I INPUT -j REJECT -p tcp --dport=8000
$ sudo iptables -L
Chain INPUT (policy ACCEPT)
target     prot opt source          destination
REJECT     tcp  --  anywhere        anywhere            tcp dpt:8000 reject-w➡
ith icmp-port-unreachable

Chain FORWARD (policy ACCEPT)
target     prot opt source          destination

Chain OUTPUT (policy ACCEPT)
target     prot opt source          destination
```

おそらく読者の皆さんが予想されるように、curlコマンドはもはやレスポンスの取得に成功しません。

```
$ curl localhost:8000
curl: (7) Failed to connect to localhost port 8000: Connection refused
```

これは、iptablesを使用してトラフィックを制限できることを実証しています。このようにたくさんのルールを構築してコンテナ間のトラフィックを制限することは可能かもしれませんが、手作業で行うことはお勧めしません。実際には、独自のネットワークポリシーをiptablesルールで直接書くよりも、既存の実装を使用したほうがよいでしょう。ゼロからルールを作成するよりも、ポリシーを設定するための使いやすいインタフェースを得ることができますし、マルチノードシステムでは、各ノードで異なるルールを持つことになります。そして多くのルールが存在することになります。たとえば、私はCalicoネットワークプラグインを実行している単一のKubernetesノードを持っていますが、ほんの一握りのアプリケーションPodを実行し、ネットワークポリシーを持たないこのマシンの`iptables -L`でも300行以上のフィルタテーブルルールが表示されます。ルールそのものは高性能ですが、それを書くのは複雑な作業です。また、コンテナの作成・破棄に合わせてルールを書き換える必要があります。これは、ルールを手動で管理するのではなく、自動化した場合にのみ対処可能です。

ネットワークポリシーの課題に対する解決策

では、この自動化を実現するには何を使えばいいのでしょうか。KubernetesにはNetworkPolicyリソースがありますが、前述のとおり、Kubernetesデフォルトの設定ではありません。NetworkPolicyは、それをサポートするネットワークプラグイン[5]を使用しているときにのみ動作します。ネットワークプラグインによっては、より柔軟で管理が容易な商用バージョンにアップグレードするオプションがあります。

一部商用コンテナセキュリティプラットフォームには、本質的に同じことを実現するコンテナファイアウォールが含まれていますが、Kubernetesネットワークプラグインとして直接インストールされるわけではありません。これらには、特定のコンテナイメージの通常のトラフィックがどのようなものかを学習し、ポリシーを自動的に作成できるようにする機能が含まれていることがあります。

ネットワークポリシーのベストプラクティス

ネットワークポリシーの作成、管理、適用には、推奨されるベストプラクティスがいくつかあります。

Default deny（デフォルト拒否）

最小権限の原則に従って、各Namespaceにデフォルトで内向きの通信を拒否

---

[5] https://kubernetes.io/docs/concepts/extend-kubernetes/compute-storage-net/network-plugins/

する❻ポリシーを設定し、その後、期待するPodからの通信のみ許可するポリシーを追加します。

Default deny egress（外向きデフォルト拒否）

Egressポリシーは、Podから出ていく通信に関連します。コンテナに侵入された場合、攻撃者はネットワークを介して周囲の環境を調査できます。各Namespaceに、デフォルトで外向きの通信を拒否する❼ポリシーを設定し、その後、予想される通信への許可ポリシーを追加します。

Restrict pod-to-pod traffic（Pod間通信制限）

Podには通常、リソースに対してラベルが貼られます。適切なラベルを持つPodからの通信のみを許可するポリシーとともに、許可されたPod間でのみ通信できるように制限するポリシーを使用します。

Restrict ports（ポート制限）

各アプリケーションに対して、特定のポートにしかトラフィックを受け入れないように制限します。

Ahmet Alp Balkanは、有用なNetworkPolicyのレシピ•一式を提供しています。

● https://github.com/ahmetb/kubernetes-network-policy-recipes

ここまでで述べてきたネットワークポリシーは、ネットワークスタックの下位レベル（L4まで）で動作します。次に、アプリケーション層（L7）で動作するサービスメッシュを考えていきましょう。

❻ https://kubernetes.io/docs/concepts/services-networking/network-policies/#default-deny-all-ingress-traffic

❼ https://kubernetes.io/docs/concepts/services-networking/network-policies/#default-deny-all-egress-traffic

10.8 サービスメッシュ

サービスメッシュは、アプリケーション層（本章の最初に見たOSI参照モデルの5～7層）で実装され、アプリケーション同士の接続に関する制御と機能を提供します。

クラウドネイティブのエコシステムとして、Istio、Envoy、Linkerdなどのサービスメッシュのプロジェクトや製品、AWS App Meshなどのクラウドプロバイダーによるマネージドのオプションが存在します。サービスメッシュにはいくつかの機能と利点がありますが、その中にはセキュリティに関連するものもあります。

Kubernetesにおけるサービスメッシュの一般的な動作は、サイドカーコンテナとして各Podに差し込まれ、サイドカーがPod内の他のコンテナに代わって通信を処理することです。Pod間のすべての通信は、このサイドカープロキシを介して行われます。ルールの実行は、プロキシ内のユーザー空間で行われます。

サービスメッシュは、これらのサイドカープロキシでmTLSを使うように設定できます。これにより、Kubernetesクラスタ内で安全かつ暗号化された接続が可能になり、攻撃者がKubernetesクラスタ内に侵入したとしても、通信を傍受することが非常に難しくなります。なお、mTLSについてはまだ説明をしていませんでしたが、詳しくは11.3節「TLS接続」で説明します。

サービスメッシュは、一般的にアプリケーション層のネットワークポリシーを強制するオプションを提供し、ポリシーが許可する場合にのみ、Podが他の（内部または外部の）Serviceと通信できるようにします。アプリケーション層で動作するため、これらのポリシーと本章で前述したL1～L4のネットワークポリシーとの間には明確な役割の違いがあります。

Istioのドキュメントでは、特定のアプリケーションからのトラフィックが、特定のポートにあるPodにのみ流れるように許可するアプリケーション層の分離ポリシーの例●が提供されています。

● https://istio.io/latest/blog/2017/0.1-using-network-policy/#enforce-fine-grained-isolation-within-the-application

mTLSとネットワークポリシーは、サービスメッシュが提供する強力な機能ですが、注意すべき点が2つあります。

- サービスメッシュは、サイドカーとして注入されたPodに対してのみ、セキュリティサポートを提供できます。サイドカーのないPodに対しては何もできません。
- サービスメッシュのネットワークポリシーはServiceレベルで定義されるため、基盤となるインフラをPodの侵害から守るには効果的ではありません。

企業にとってのベストプラクティスは、「多層防御」を用いることです。サービスメッシュと並行して、サイドカーがすべてのコンテナに存在することを確認するためのツールを用意し、Kubernetes Service IPアドレス経由ではなく、コンテナ間やコンテナと外部アドレス間を直接流れる通信を防止／制限できる補完的なコンテナネットワークセキュリティソリューションを使用するとよいでしょう。

サービスメッシュが提供する機能には、ネットワークやセキュリティとは関係のない、カナリアデプロイなどがあります。詳細については、DigitalOceanのチュートリアル「An Introduction to Service Meshes」●を参照してください。

● https://www.digitalocean.com/community/tutorials/an-introduction-to-service-meshes

サービスメッシュのサイドカーコンテナは、アプリケーションコンテナと同じPod内に存在します。アプリケーションコンテナが攻撃された場合、サイドカーによって適用されるルールを回避または変更しようとする可能性があります。サイドカーとアプリケーションコンテナは同じnetwork namespaceを共有するため、CAP_NET_ADMIN capabilityをアプリケーションコンテナへ与えないようにすると、アプリケーションコンテナが攻撃された場合でも、共有ネットワークスタックを変更できなくなります。

Istio Ambient Meshの紹介

2022年9月に、新しいデータプレーンモードであるAmbient Meshが発表されました。Ambient Meshは大きな特徴として、サイドカーが廃止になります。

これにより以下のメリットがあります。

- **運用の簡素化**
  従来は、L7通信と暗号化等を含むデータプレーンの機能をサイドカーに持たせていました。これらをSecure Overlay Layer（L4のルーティング・セキュリティ）とL7 Processing Layer(L7のルーティングとセキュリティ）に分け、ユースケースによって部分的に導入しやすくなりました。
- **コンピューティングリソースの効率的な利用**
  Pod単位で作成されていたサイドカーが必要なくなり、クラスタで利用可能なリソースに空きができます。

Ambient Meshの構成について

サイドカーが廃止された代わりに、各ノードごとにSecure Overlay Layerを担うエージェント（ztunnel）が配置されます。L7 Processing Layerを有効にした場合は、Kubernetes Namespace単位でWaypoint Proxy（Envoyベース）が作成されます。これによりNamespace内のすべてのL7通信はWaypoint Proxyを通るようになります。Waypoint ProxyはKubernetes Deploymentで構成されており、負荷状況に合わせてスケールできるようになっています。

詳細については、以下のリンクを参照してください。

- `https://istio.io/latest/blog/2022/introducing-ambient-mesh/`

10.9 まとめ

この章では、コンテナによって、デプロイメント内で非常にきめ細かいファイアウォールソリューションが可能になることを見てきました。

- コンテナには限定的な通信しか認めないことで、最小権限の原則と職務分掌の原則を実現している
- 悪意あるコンテナが近隣のすべてのコンテナを攻撃するのを防ぐことで、影響範囲を制限する
- コンテナファイアウォールとサービスメッシュ、クラスタ全体のファイアウォールを組み合わせて深層防御を実現している

サービスメッシュは、コンテナ間のmTLS接続を自動的にセットアップできると説明しました。次章では、TLSがどのように通信をより安全にするのかを説明し、安全な接続を設定するための鍵と証明書の役割を明らかにしていきます。

Chapter

11

TLSによるコンポーネントの安全な接続

どのような分散システムでも互いに通信する必要のあるコンポーネントは複数存在し、クラウドネイティブの領域においては、これらのコンポーネントはコンテナ同士、あるいは他の内部または外部のコンポーネントとメッセージを交換することも頻繁にあります。本章では、セキュアなトランスポート接続によって、コンポーネント同士が暗号化されたメッセージを安全に送信する方法について説明します。また、悪意のあるコンポーネントが通信に関与できないように、コンポーネントがどのように互いを識別し、安全な接続を設定するかについても説明します。

本章は、コンテナに特化した内容ではないため、鍵や証明書の仕組みに詳しい方は、この章を飛ばして先に進んでもらってかまいません。本章を設けた理由は、筆者の経験上、コンテナやクラウドネイティブツールについて調べ始めたときに、この概念を初めて目にする多くの人が混乱する分野だからです。

クラウドネイティブなシステムの管理を担当している場合、Kubernetes、etcd、その他の管理コンポーネントにおいて、証明書、鍵、認証局（CA）を設定しなければならないことがあります。これらは非常に理解が難しく、インストール手順書では「背景・理由」「アプローチ」を解説しないまま、何をすべきか説明する傾向があります。本章は、これらのさまざまなコンポーネントが担う役割を理解するのに役立つでしょう。

まず、「セキュアな接続」とは何かを考えてみます。

11.1 セキュアな接続

日常生活では、Webブラウザで安全な接続が使用されているのを目にしたことがあるでしょう。たとえば、オンラインバンクを閲覧しているときに緑色の鍵マークが表示されていなければ、その接続は安全でないことがわかります。Webサイトへの安全な接続を設定するには、次の2つの部分があります。

- まず、閲覧しているWebサイトが本当に銀行の所有するものであるかどうかを知る必要がある。

- Webブラウザでは、証明書を確認することで、Webサイトの身元（identity）を確認できる。

安全なWebサイトの接続には、HTTP-Secureの略である**HTTPS**と呼ばれるプロトコルが使用されることはよく知られています。これは通常のHTTP接続を安全にしたもので、**TLS**（Transport Layer Security）というプロトコルを使用してトランスポート層に追加されています。

トランスポート層はネットワークソケット同士が通信する層で、TLSは以前SSL（Secure Sockets Layer）と呼ばれていたプロトコルです。最初、SSLの仕様は1995年にNetscape社によって公開されました（公開時点でのバージョンは2です。バージョン1は深刻な欠陥があったため、公開されることはありませんでした）。1999年に、IETF（Internet Engineering Task Force）は、主にNetscapeのSSL v3.0に基づいてTLS v1.0標準を作成し、今ではTLS v1.3が主に使用されています。

プロトコルは安全な接続を設定するため、証明書に依存しています。紛らわしいですが、TLSに移行してから20年経った今でも、これらを「SSL証明書」と呼ぶ傾向にあります。正しくは、「X.509証明書」と呼ぶべきでしょう。

IDと鍵の情報は、いずれもX.509証明書を使用して交換できます。ここでは、X.509証明書とは何か、どのような仕組みなのかについて説明します。

Memo

鍵、証明書、認証局を生成するツールには、ssh-keygen、openssl keygen、minicaなどがあります。私は、「A Go Programmer's Guide to Secure Connections」●という講演でminicaを使って、クライアントがサーバーとのTLS接続を開始するときに何が起きているかをデモンストレーションしました。

- https://www.youtube.com/watch?v=OF3TM-b890E

X.509証明書

「X.509」とは、証明書を定義するITU（International Telecommunication Union）規格の名称です。証明書は、所有者の身元に関する情報を含むデータで、所有者と通信するための公開鍵も含まれています。この公開鍵には、ペアとなる秘密鍵が存在します。

これは**my-name**が
公開鍵を持っている
ことを証明する
ためのものです
abcdef
CA
期限 MM-DD-YYYY

図11-1　証明書

図11-1に示すように、証明書に含まれる重要な情報は以下のとおりです。

- 証明書が識別するエンティティの名前 …… このエンティティは「**サブジェクト**」と呼ばれ、サブジェクト名は通常、ドメイン名の形式をとります。実際には、証明書は「サブジェクト代替名（Subject Alternative Names：SAN）」というフィールドを使用し、複数の名前でサブジェクトを識別できるようにする必要があります。
- サブジェクトの公開鍵
- 証明書を発行した認証局の名前 …… 本章の「認証局」（222ページ）で説明します。
- 証明書の有効期限 …… 証明書が失効する日時です。

公開鍵・秘密鍵のペア

その名前が指すとおり、公開鍵は誰とでも共有できます。公開鍵には対となる、所有者が公開してはならない秘密鍵があります。

Memo

暗号化と復号の背後にある数学の専門知識については、本書の範囲を超えていますが、いくつか参考となる資料をMediumのブログ●から集めました。

● https://medium.com/@lizrice/finding-an-intro-to-maths-for-cryptography-cc97ad6b04

まず秘密鍵を生成し、そこから対応する公開鍵を計算します。公開鍵と秘密鍵のペアは、次の2つの目的に使用できます。

- 図11-2に示すように、公開鍵を用いて暗号化したメッセージは、対応する秘密鍵の所有者だけが復号できます。

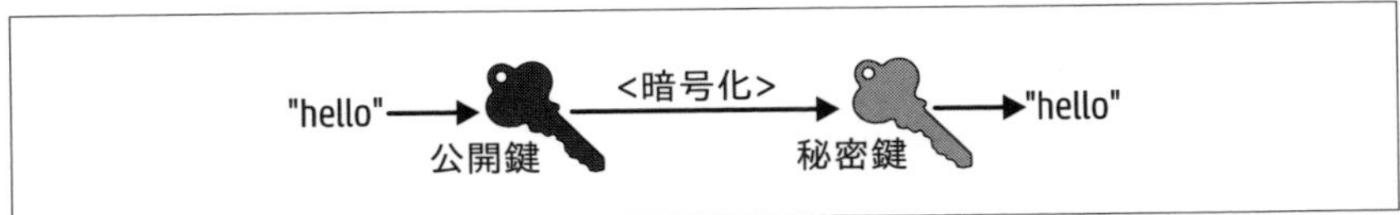

図11-2　暗号化

- 秘密鍵を用いて署名したメッセージは、対応する公開鍵の所有者であれば誰でも、それが秘密鍵の所有者から来たものであることを確認できます（図11-3）。

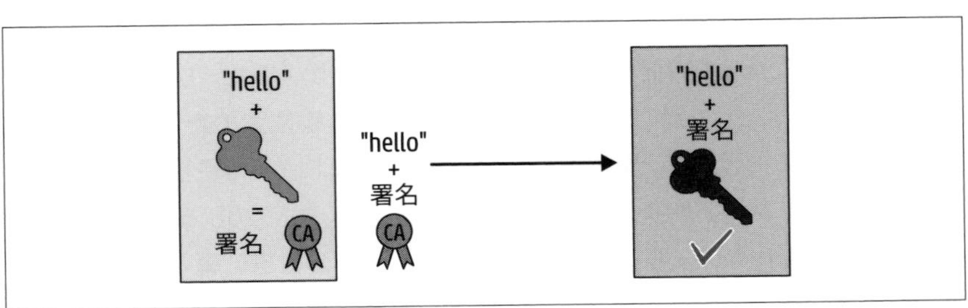

図11-3　署名

公開鍵／秘密鍵ペアの暗号化および署名機能は、安全な接続を設定するために使用されます。

たとえば、あなたと私が、暗号化されたメッセージを交換したいとします。私が鍵のペアを生成したら、その公開鍵をあなたに渡して、あなたが私に暗号化されたメッセージを送ることができるようにします。しかし、もし私がその公開鍵をあなたに送ったら、それが偽者からではなく、本当に私から来たものだとどのようにわかるのでしょうか。私が誰であるかを証明するためには、あなたが信頼し、私の身元を保証してくれる第三者を関与させる必要があります。これが認証局の機能です。

認証局

認証局（Certificate Authority：**CA**）は、証明書に署名し、その証明書に含まれる身元が正しいことを確認する、信頼できるエンティティです。信頼できる機関によって署名された証明書のみを信頼する必要があります。

特定の宛先へTLS接続を開始すると、接続を開始したクライアントは相手から証明書を受け取り、それを確認します。これで接続しようとした相手と通信していることを判断できます。たとえば、銀行のWebサイトへの接続を開始するとき、ブラウザは証明書が銀行のURLと一致するかどうかをチェックし、どの認証局が証明書に署名したかもチェックします。

他のコンポーネントは認証局を安全に識別できる必要があるため、証明書によって表現されます。しかし、その証明書は認証局によって署名される必要があります。署名者の身元を確認するために、別の証明書が必要になり、それが繰り返されます。このように、終わりのない証明書のチェーンを構築でき、最終的には信頼できる証明書が必要になります。

実際には、チェーンは自己署名証明書と呼ばれるもので、認証局が自分自身のために署名したX.509証明書で終了します。言い換えると、証明書によって表される身元は、証明書に署名するため使用される秘密鍵の身元と同じです。その身元が信頼できれば、証明書も信頼できます。**図11-4**は証明書チェーンを示しており、アンの証明書はボブによって署名され、ボブの証明書はキャロルによって署名されています。このチェーンは、キャロルの自己署名入り証明書で終了します。

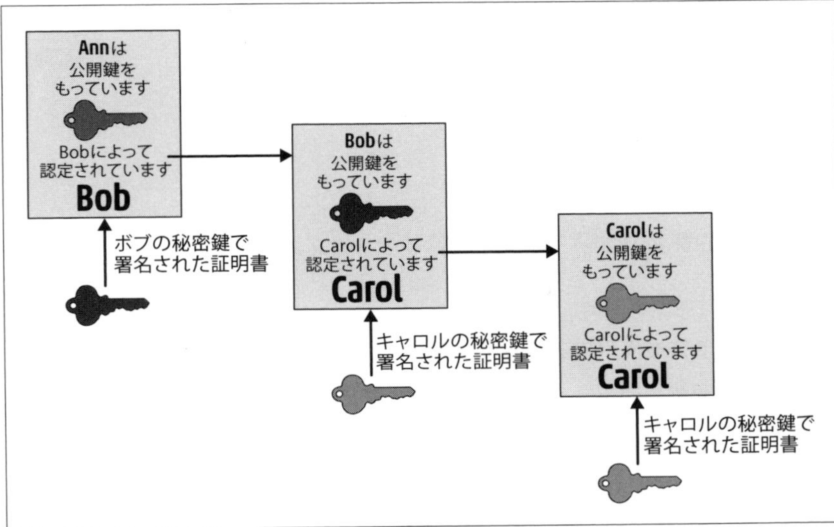

図11-4　証明書チェーン

ブラウザには「ルート認証局」と呼ばれる、信頼できる認証局の証明書の身元があらかじめインストールされています。ブラウザは、これらのルート認証局のいずれかによって署名された証明書（または証明書チェーン）を信頼します。もし、その証明書がブラウザの信頼できる認証局によって署名されていない場合、ブラウザはそのサイトを安全でないものとして表示します。

インターネットを介して人々が接続するWebサイトを設定する場合、そのWebサイトには、信頼できる公開認証局によって署名された証明書が必要です。このような認証局として機能するベンダーは複数あり、有料で証明書を生成してくれますが、Let's Encrypt❶から無料で入手することもできます。

Kubernetesやetcdなどの分散システムコンポーネントをセットアップするときに、証明書を検証するために使用する認証局を指定できます。あなたのシステムが個人の管理下にあると仮定すれば、一般の人々がこれらのコンポーネントを信頼するかどうかはあなたにとって重要ではありません。これは私的なシステムなので、信頼されている公開の認証局を使う必要はなく、簡単に自己署名証明書を使って自身の認証局を設定できます。

❶ https://letsencrypt.org/

自身の認証局を使うにせよ、信頼されている公開の認証局を使うにせよ、生成してほしい証明書について認証局に伝える必要があります。これは、証明書署名要求（Certificate Signing Request：CSR）を使って行います。

証明書署名要求

証明書署名要求（CSR）は、以下の情報を含むファイルです。

- 証明書に組み込まれる公開鍵
- この証明書を使用するドメイン名
- この証明書が表すべき身元に関する情報（たとえば、顧客の会社名や組織名など）

CSRを作成し、それを認証局に送信してX.509証明書を要求します。証明書にはこの情報と認証局からの署名が含まれます。

opensslのようなツールは、新しい鍵ペアとCSRを一度に作成できます。opensslはCSRを生成するための入力として秘密鍵を指定できます。これは、公開鍵が秘密鍵から派生したものであることを考えると、納得のいくものでしょう。証明書の身元を利用するコンポーネントはメッセージの解読と署名のために秘密鍵を使用しますが、公開鍵自体を使用することはありません。公開鍵を必要とするのは、通信相手である他のコンポーネントであり、証明書から公開鍵を取得します。証明書の身元を利用するコンポーネントは秘密鍵を必要とし、他のコンポーネントに送る証明書を必要とします。

証明書とは何かを理解したところで、証明書がTLS接続にどのように使用されるかを説明します。

11.3 TLS接続

トランスポート層の接続では、コンポーネントが開始する必要があり、開始するコンポーネントを「クライアント」と呼びます。通信相手は「サーバー」と呼ばれます。このクライアントとサーバーの関係が成り立つのはトランスポート層だけで、それ以上の層ではコンポーネントはピアリングすることもあります。

クライアントはソケットを開き、サーバーとのネットワーク接続を要求します。安全な接続のために、クライアントはサーバーに証明書を返送するよう要求します。本章の最初で、証明書は2つの非常に重要な情報であるサーバーの身元とその公開鍵を伝えるものであることは説明しました。

ここでのポイントは、クライアントがサーバーの信頼性を確認できることです。クライアントはサーバーの証明書が信頼できる認証局によって署名されているかどうかをチェックし、もしそうなら、それはサーバーが信頼できることの確認となります。クライアントは、サーバーの公開鍵を使って、サーバーに送信するメッセージを暗号化できます。クライアントとサーバーは、この接続で転送される残りのメッセージで使用する対称鍵（共通鍵）に合意します。これは、非対称の公開鍵と秘密鍵のペアを使用するよりも性能が高くなります。このメッセージフローを**図11-5**に示します。

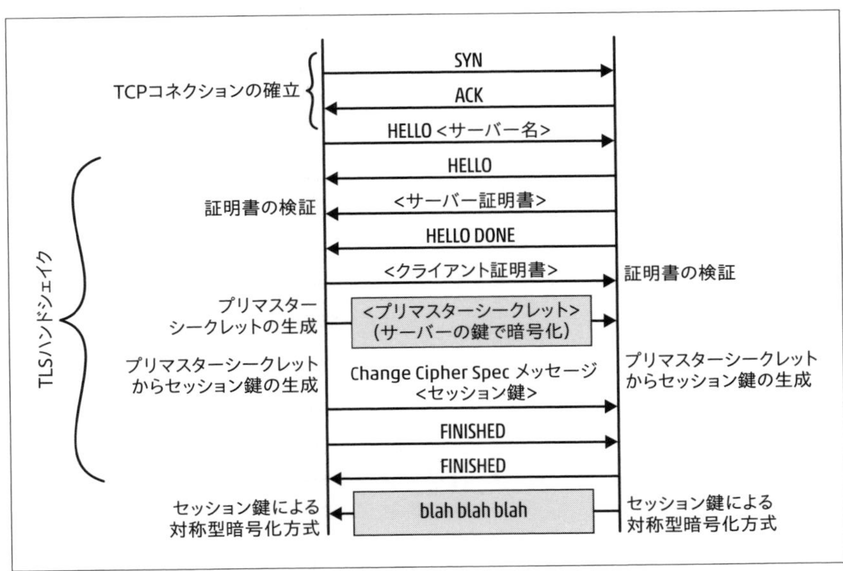

図11-5　TLSハンドシェイク

「skip verify」という言葉を目にしたことがあるかもしれません。これは、証明書が既知の認証局によって署名されたことを検証するステップを、クライアントがスキップできるようにするトランスポート層のオプションのことです。クライアントは単に、証明書の主張する身元が正しいものとみなします。これは、認証局に関する情報をわざわざクライアントに設定する必要がなく、単に自己署名証明書を使用できるため、テスト環境では便利です。コンポーネント間の暗号化通信は可能ですが、コンポーネントが偽者でないことの証明はできないため、skip-verifyオプションは実稼働環境では使わないでください。

クライアントが証明書の主張する身元が正しいものであると確認したら、サーバーを信頼できます。しかし、サーバーはどうやってクライアントを信頼するのでしょうか。

もし、銀行のような口座を持つWebサイトについて議論しているのであれば、銀行残高の詳細やそれ以上の情報を提供する前に、サーバーがあなたの身元を確認することが重要です。銀行にログインするようなクライアント／サーバーの関係では、この確認は通常、L7で行われます。ユーザー名とパスワードを入力し、テキストメッセージで送信されるコードや、Yubikey、Authy、1Password、Google Authなどのモバイルアプリで生成されるワンタイムパスワードによって、多要素認証を追加できます。

クライアントの身元を検証するもう1つの方法は、別のX.509証明書を使用することです。**図11-5**のメッセージフローでは、サーバーとクライアントの両方の証明書が交換されていますが、これはサーバー側で構成可能なオプションです。サーバーは、クライアントに自分の身元を確認するために証明書を使用しますが、同じことを逆にやってみてはどうでしょうか。これを、相互TLSまたはmTLS（mutual TLS）と呼びます。

11.4 コンテナ間のセキュアな接続

本章では、これまでコンテナに特化したものはありませんでしたが、ここで、鍵、証明書、認証局について理解する必要がありそうな状況をいくつか確認しておきましょう。

- Kubernetesやその他の分散システムコンポーネントをインストールまたは管理する場合、安全な接続を使用するためのオプションに遭遇する可能性があります。kubeadmのようなツールでは、コントロールプレーンのコンポーネント間でTLSを簡単に使用できるようになり、必要に応じて証明書を自動的に設定できるようになります。しかし、これはコンテナと外のネットワーク間のトラフィックを保護するためのものではありません。
- 開発者であれば、他のコンポーネントとのセキュアな接続を設定するアプリケーションコードを書くかもしれません。その場合、アプリケーションのコードは、あなたが作成する必要のある証明書へのアクセスを必要とします。
- セキュアな接続を設定するために独自のコードを記述するのではなく、サービスメッシュを利用することもできます。

証明書は配布するためのものですが、それを利用するためには、各コンポーネントはその証明書に対応する秘密鍵にアクセスする必要もあります。次章では、秘密鍵のような機密情報をコンテナに渡す方法について説明します。

11.5 証明書の失効

攻撃者がなんらかの方法で秘密鍵を手に入れたとします。攻撃者は対応する証明書に埋め込まれた公開鍵を使って暗号化されたメッセージを正常に復号できるため、その鍵に関連付けられた身元になりすますことができます。これを防ぐには、証明書の有効期限を待たずに、すぐに証明書を無効にする方法が必要です。

この無効化は「証明書の失効」と呼ばれ、受け入れるべきでない証明書の一覧を記載した証明書失効リスト（Certificate Revocation List：CRL）を管理することで実現できます。

複数のコンポーネントやユーザーで身元を共有しないようにしてください。各コンポーネントに個別の身元と証明書を設定するのは管理負担が大きいように感じるでしょう。しかし、これはすべてのユーザーに新しい証明書を再発行することなく、ある身元の証明書を失効させることができることを意味します。また、各身元に個別の権限を付与することで権限の分離も可能になります。

Memo

Kubernetesでは、各ノード上のkubeletコンポーネントがAPIサーバーを認証し、それが認可されたkubeletであることを確認するために証明書が使用されます。これらの証明書はローテーションされる●1ことがあります。証明書は、クライアントがKubernetes APIサーバーとの認証●2に使用できるメカニズムの1つでもあります。本稿執筆時点では、Kubernetesは証明書の失効をサポートしていません●3。これに対し、RBACを使用して、その証明書に関連付けられたクライアントのAPIアクセスを防止できます。

●1 https://kubernetes.io/docs/tasks/tls/certificate-rotation/

●2 https://kubernetes.io/docs/reference/access-authn-authz/authentication/

●3 https://github.com/kubernetes/kubernetes/issues/18982

11.6 まとめ

中間者攻撃を回避するためには、さまざまなソフトウェアコンポーネント間のネットワーク接続を信頼できるようにする必要があります。mTLSに基づくセキュアな接続は、これを確実にするための試行錯誤の結果得られた方法です。アプリケーションコンテナ間でmTLSを設定するのは良いアイデアです。また、分散システムコンポーネントを管理している場合、それらの間でも安全な接続が必要になります。

X.509証明書を認証に使用する各コンテナやその他のコンポーネントには、次の3つが必要です。

- 決して共有されず、機密情報として扱われるべき秘密鍵
- 他のコンポーネントが通信相手の身元を検証するために使用でき、自由に配布できる証明書
- 他のコンポーネントから受け取った証明書を検証するために使用できる、1つまたは複数の信頼できる認証局からの証明書

本章を読んで、鍵、証明書、認証局がそれぞれ果たす役割について十分理解していただけたと思います。この知識は、これらを使用するためのコンポーネントを設定する際に役立ちます。

コンテナ間の接続を信頼し、接続の終端にあるコンポーネントを特定できれば、コンテナ間で機密情報の受け渡しを始めるには良い環境と言えます。しかし、コンテナ内に安全に機密情報を渡すことができるようにする必要があります。このことについて次章で説明します。

Chapter

12

コンテナへのシークレットの受け渡し

アプリケーションコードは、ジョブを実行するために特定のクレデンシャルを必要とすることが多いです。たとえば、データベースにアクセスするためのパスワードや、特定のAPIにアクセスするためのトークンが必要です。クレデンシャル、あるいはシークレット（機密情報）は、特にデータベースやAPIといったリソースへのアクセスを制限するために存在します。シークレットそれ自身を「機密」とし、最小権限の原則に従って、本当に必要な人またはコンポーネントだけがアクセスできるようにすることが重要になります。

本章では、シークレットの望ましい特性について考えることから始め、シークレット情報をコンテナに取り込むための選択肢を探ります。最後に、Kubernetesにおけるシークレットのネイティブサポートについて説明します。

12.1 シークレットの特性

シークレットの最も顕著な特性は、機密情報である必要があるということです。アクセス権を持つはずの人（または物）だけがアクセスできる必要があります。通常、シークレットを暗号化し、復号鍵をそのシークレットを見る許可を得るべきエンティティのみと共有することで、この機密性を確保します。

シークレットは、データストアにアクセスできるすべてのユーザーやエンティティがアクセスできないように、暗号化された形式で保存する必要があります。シークレットが保管場所から使用される場所に移動する際にも、ネットワークから盗聴されないように暗号化されるべきです。理想的には、暗号化されていない状態でディスクに書き込まれることはないはずです。アプリケーションが暗号化されていないバージョンを必要とする場合、メモリ内にのみ保持されるのが最善策になります。

シークレットは暗号化しさえすれば、他のコンポーネントに安全に渡すことができると思うかもしれません。しかし、受信者は受け取った情報を復号する方法を知る必要があり、それには復号鍵が必要になります。この鍵はそれ自体がシークレットであり、受信者はなんらかの方法でそれを取得する必要があります。そして、どうすればシークレットを安全に渡すことができるのか、という原点に立ち戻ることになります。

シークレットが信頼できなくなった場合、シークレットを取り消す、つまりそれらを無効にできる必要があります。これは、権限のない人がそのシークレットにアクセスしたことを検知したり、その疑いがあったりする場合に生じます。また、誰かがチームを去った場合など、単純な運用上の理由からシークレットを失効させたい場合もあります。

また、シークレットをローテーションしたり、変更したりする機能も必要です。シークレットが漏洩したかは必ずしもわからないため、頻繁にシークレットを変更することで、クレデンシャルにアクセスした攻撃者が、そのクレデンシャルを利用できないようにすることができます。人間にパスワードの定期的な変更を強制することが悪い考えであること[1]は、今ではよく知られていますが、逆にソフトウェアコンポーネントでは、頻繁に変更されるクレデンシャルを処理することができます。

シークレットのライフサイクルは、それを使用するコンポーネントのライフサイクルから独立しているのが理想的です。これは、シークレットが変更されたときに、コンポーネントを再構築して再配布する必要がないことを意味します。

あるシークレットにアクセスする必要のある人たちは、そのシークレットを使用するアプリケーションのソースコードにアクセスする必要がある人や、デプロイメントやその一部を管理できる人の数よりもずっと少ないことがよくあります。たとえば、銀行では、開発者が口座情報へのアクセスを許可する本番用シークレットへのアクセス権を持っていることはまずありません。人によるシークレットへのアクセスが書き込みのみであることはよくあることです。シークレットが（多くの場合自動的かつ、ランダムに）生成されると、人がそのシークレットを再び読み出す正当な理由はないかもしれません。

シークレットへのアクセスを制限すべきなのは、人だけではありません。理想的には、シークレットを読むことができるのは、そのシークレットにアクセスする必要があるソフトウェアコンポーネントだけであるべきです。私たちが扱

[1] NIST SP 800-63 Digital Identity Guidelines-FAQ
https://pages.nist.gov/800-63-FAQ/#q-b05

うのはコンテナであるため、正しく機能するために実際にシークレットを必要とするコンテナだけにシークレットを公開することを意味します。

さて、ここまででシークレットの望ましい性質について考えてきましたが、コンテナ内で実行されるアプリケーションコードに対して、シークレットを挿入するためのメカニズムについて考えてみましょう。

12.2 コンテナへの情報の取り込み

コンテナは意図的に隔離された存在であることを念頭に置くと、実行中のコンテナにシークレットを含む情報を取り込むための方法が制限されるのは当然のことです。

- データは、イメージ上のrootファイルシステム内のファイルとして、コンテナイメージに含めることができます。
- 環境変数は、イメージに付随する設定として定義できます（rootファイルシステムと設定情報がどのようにイメージを構成しているかについては、第6章を参照してください）。
- コンテナは、ネットワークインタフェースを介して情報を得ることができます。
- 環境変数は、コンテナの実行時に定義したり上書きしたりすることができます（たとえば、`docker run`コマンドに-eパラメータを含めます）。
- コンテナは、ホストからボリュームをマウントし、そのホスト上のボリュームから情報を読み出すことができます。

では、それぞれの選択肢を順番に見ていきましょう。

コンテナイメージにシークレットを格納する

上の選択肢のうち、最初の2つはシークレットデータには不向きです。なぜなら、ビルド時にシークレットをイメージにハードコードする必要があるからです。これは確かに可能なことですが、一般に悪い考えとされています。

- このシークレットは、イメージのソースコードにアクセスできる人なら誰でも見ることができます。ソースコードに平文で書くのではなく、暗号化すればいいと思うかもしれませんが、その場合、コンテナが復号できるように、なんらかの方法で別のシークレットを渡す必要があります。この2つ目のシークレットは、どのような仕組みで渡すのでしょうか。
- コンテナイメージを再構築しない限り、シークレットは変更できません。コンテナイメージとシークレットを切り離すほうがよいでしょう。さらに、シークレットを集中的に自動管理するシステム（CyberArkやHashicorp Vaultなど）では、ソースコードにハードコードされているシークレットのライフサイクルを制御できません。

残念なことに、ソースコードにシークレットが埋め込まれていることは意外によくあります。それが生じる原因の1つとしては、開発者自身がそれが悪い考えであるということを理解していないからです。また、もう1つの原因として挙げられるのが、開発中やテスト中に後で削除するつもりでコードに直接シークレットを入れてしまい、後に戻って削除するのを忘れてしまうことが多いことです。

ビルド時にシークレットを渡さない場合、その他オプションとして、コンテナの起動時または実行時にすべてのシークレットを渡すことがあります。

ネットワーク上でのシークレットの受け渡し

3つ目の項目は、ネットワークインタフェース経由でシークレットを渡すというもので、情報を取得したり受け取ったりするために、アプリケーションコードが適切なリクエストを行う必要があります。結果的に、これは現在広く使われている方法です。

さらに、シークレットを運ぶネットワークトラフィックを暗号化する問題があり、これにはX.509証明書の形で別のシークレットが必要になります（第11章参照）。この問題の一部はサービスメッシュに委譲することが可能です。サービスメッシュはネットワーク接続にmTLSを使用することでセキュリティを確保するように設定できます。

環境変数でのシークレットの受け渡し

環境変数でシークレットを渡す方法は、以下の理由から避けるべきとされています。

- 多くの言語やフレームワークでは、クラッシュするとシステムがデバッグ情報をダンプし、その情報にはすべての環境設定が含まれている可能性があります。この情報がログシステムに渡されると、ログにアクセスできる人なら誰でも、環境変数として渡されたシークレットを見ることができます。
- コンテナ上でdocker inspect（または同等のもの）を実行できれば、ビルド時や実行時にかかわらず、コンテナに定義されたあらゆる環境変数を確認できるようになります。コンテナのプロパティを検査する正当な理由がある管理者は、必ずしもシークレットにアクセスする必要はありません。

ここでは、コンテナイメージから環境変数を抽出する例を示します。

```
vagrant@vagrant:~$ docker image inspect --format '{{.Config.Env}}' nginx
[PATH=/usr/local/sbin:/usr/local/bin:/usr/sbin:/usr/bin:/sbin:/bin NGIN➡
X_VERSION=1.17.6 NJS_VERSION=0.3.7 PKG_RELEASE=1~buster]
```

また、実行時に環境変数を簡単に調べることができます。次の例では、runコマンドで渡されたすべての定義（ここではEXTRA_ENV）が結果に含まれることを示しています。

```
vagrant@vagrant:~$ docker run -e EXTRA_ENV=HELLO --rm -d nginx
13bcf3c571268f697f1e562a49e8d545d78aae65b0a102d2da78596b655e2f9a
vagrant@vagrant:~$ docker container inspect --format '{{.Config.Env}}' ➡
13bcf
[EXTRA_ENV=HELLO PATH=/usr/local/sbin:/usr/local/bin:/usr/sbin:/usr/bin➡
:/sbin:/bin NGINX_VERSION=1.17.6 NJS_VERSION=0.3.7 PKG_RELEASE=1~buster]
```

12-factor App❷は、開発者に環境変数を通して設定を渡すことを勧めています。したがって、実際には、このような方法で設定されることを望むサードパーティのコンテナを実行することになるかもしれません。その際、シークレットの値を含む場合もあります。環境変数によるシークレットのリスクは、いくつかの方法で軽減が可能です（もちろん、リスク特性によります）。

- 出力されたログを処理して、シークレットの値を削除したり、非表示にしたりすることができます。
- シークレットストア（たとえば、Hashicorp Vault、CyberArk Conjur、またはクラウドプロバイダーのシークレット・鍵管理システムなど）からシークレットを取得して、アプリケーションコンテナを（またはサイドカーコンテナを使用して）変更することができます。一部の商用セキュリティソリューションは、このようなインテグレーションを提供してくれます。

環境変数で設定されたシークレットについて最後に注意すべき点は、プロセスの環境変数はプロセス作成時にのみ一度だけ設定される、ということです。シークレットをローテーションさせたい場合、外部からコンテナの環境変数を再設定することはできません。

ファイルでのシークレットの受け渡し

シークレットの受け渡しには、コンテナがマウントされたボリュームを介してアクセスできるファイルに書き込むのが好ましい方法です。理想的には、マウントされたボリュームはディスクに書き込まれるのではなく、メモリ上に保持される一時ディレクトリであるべきです。この方法を安全なシークレットストアと組み合わせることで、シークレットが暗号化されずに保管されないようにします。

このファイルはホストからコンテナにマウントされるため、コンテナを再起動する必要がなく、いつでもホスト側から更新することができます。アプリケーションが、古いシークレットが機能しなくなった場合にファイルから新しいシークレットを取得することを知っていれば、コンテナを再起動することなしに

❷ https://12factor.net/config

シークレットをローテーションできます。

12.3 Kubernetes Secret

Kubernetesを使用している場合には、幸いなことに本章の冒頭で説明した基準の多くを満たすネイティブなシークレットのサポートがあります。

- KubernetesのSecretは独立したリソースとして作成されるため、それを必要とするアプリケーションコードのライフサイクルに縛られることはありません。
- Secretは保存時に暗号化することができますが、（少なくとも本書執筆時点では）**デフォルトでは有効になっていないため**、これを有効化する必要があります。
- Secretは、コンポーネント間の転送中に暗号化されます。このため、Kubernetesコンポーネント間でセキュアな接続を行う必要があるのですが、ほとんどのディストリビューションでは一般的にデフォルトでそのような設定になっています。
- KubernetesのSecretは、環境変数の方式と同様にファイル機構をサポートしており、メモリ内に保持され、ディスクに書き込まれない一時ファイルシステム内のファイルとしてシークレットをマウントします。
- KubernetesのRBAC（Role Based Access Control：ロールベースアクセス制御）を設定することで、ユーザーはシークレットを設定できても、再びシークレットにアクセスできないよう、書き込み専用の権限を付与できます。

Kubernetesのデフォルトでは、Secretの値はBase64エンコードされた値としてetcdデータストアに保存されますが、これは暗号化されていません。データストアを暗号化するようにetcdを設定することはできますが、復号鍵をホスト上に保存しないように注意する必要があります。

私の経験上、ほとんどの企業は、クラウドプロバイダー（AWSのKMSやAzure、Google Cloudの同等のサービスなど）、またはHashicorpやCyberArkなどのベンダーから、シークレット保存用にサードパーティの商用ソリューションを選択しています。これらには、いくつかの利点があります。

- 理由の1つは、証明書のローテーションにあります。Kubernetesのコンポーネント自身が使用する証明書をローテーションする場合、すべてのKubernetesのシークレットをリフレッシュする必要があります。これは、専用のシークレット管理ソリューションを使用することで回避できます。
- 専用のシークレット管理システムを複数のクラスタで共有できることも利点の1つです。アプリケーションクラスタのライフサイクルに関係なく、シークレットの値をローテーションすることができます。
- これらのソリューションにより、組織はシークレットの取り扱い方法を1つに統一するのが簡単になります。そこには管理のための共通のベストプラクティスや、一貫したログ、シークレットの監査も含まれます。

Memo

Kubernetesのドキュメントでは、ネイティブなシークレットサポートに関するセキュリティ特性[1]の多くをカバーしています。

[1] https://kubernetes.io/docs/concepts/configuration/secret/#security-properties

Rancherのドキュメントには、Kubernetesのシークレット暗号化のためにAWS KMSを使用する例[2]が記載されています。

[2] https://rancher.com/docs/rke/latest/en/config-options/secrets-encryption/#example-using-custom-encryption-configuration-with-amazon-kms

Hashicorpのブログには、Vaultからシークレットを挿入する記述[3]があります。

[3] https://www.hashicorp.com/blog/injecting-vault-secrets-into-kubernetes-pods-via-a-sidecar

シークレットはrootでアクセス可能

シークレットがマウントされたファイルとしてコンテナに渡されても、環境変数として渡されたとしても、ホスト上のrootユーザーがアクセスできてしまいます。

シークレットがファイルに格納されている場合、そのファイルはホストのファイルシステム上のどこかに存在します。たとえそれが一時ディレクトリにあったとしても、rootユーザーはそれにアクセスすることができます。その実例として、Kubernetesノードにマウントされている一時ファイルシステムをリストアップすると、次のようなものが見つかります。

```
root@vagrant:/$ mount -t tmpfs
...
tmpfs on /var/lib/kubelet/pods/f02a9901-8214-4751-b157-d2e90bc6a98c/vol➡
umes/kuber
netes.io~secret/coredns-token-gxsqd type tmpfs (rw,relatime)
tmpfs on /var/lib/kubelet/pods/074d762f-00ed-48e6-a22f-43fc673df0e6/vol➡
umes/kuber
netes.io~secret/kube-proxy-token-bvktc type tmpfs (rw,relatime)
tmpfs on /var/lib/kubelet/pods/e1bad0db-8c0b-4d7b-8867-9fc019de258f/vol➡
umes/kuber
netes.io~secret/default-token-h2x8p type tmpfs (rw,relatime)
...
```

この出力に含まれるディレクトリ名を使えば、rootユーザーはそのディレクトリ内に含まれるシークレットファイルにたやすくアクセスできてしまうことになります。

環境変数に保持されたシークレットを取り出すことは、rootユーザーにとっては造作のないことです。コマンドラインからDockerでコンテナを起動し、環境変数を渡して実証してみましょう。

```
vagrant@vagrant:~$ docker run --rm -it -e SECRET=mysecret ubuntu sh
$ env
```

```
...
SECRET=mysecret
...
```

このコンテナはshを実行しており、別のターミナルからその実行ファイルのプロセスIDを確認することができます。

```
vagrant@vagrant:~$ ps -C sh
  PID TTY          TIME CMD
17322 pts/0    00:00:00 sh
```

第4章では、プロセスに関する多くの興味深い情報が/procディレクトリに保持されていることを確認しました。次のコマンドを実行すると、すべての環境変数が/proc/<process ID>/environ内で参照できてしまいます。

```
vagrant@vagrant:~$ sudo cat /proc/17322/environ
PATH=/usr/local/sbin:/usr/local/bin:/usr/sbin:/usr/bin:/sbin:/binHOSTNA➡
ME=2cc99c98ba5aTERM=xtermSECRET=mysecretHOME=/root
```

このように、環境変数を通して渡されたシークレットは、すべてこの方法で読み取ることができるのです。まずシークレットを暗号化したほうがよいのではと思いませんか。復号鍵（これもシークレットにしておく必要があります）をどうやってコンテナの中に入れるか考えてみましょう。

ホストマシンにrootアクセスできる人は、そのマシンのすべてのコンテナとそのシークレットを含めて、すべてを自由に扱えることを強調しておきます。このため、デプロイメント内で承認されていないrootアクセスを防ぐことが非常に重要であり、コンテナ内でrootとして実行することが非常に危険である理由もここにあります。つまり、コンテナ内のrootはホスト上のrootであるため、ホスト上のすべてを危険にさらしてしまう一歩手前になってしまうということです。

12.5 まとめ

本書をここまで読み進められたのであれば、コンテナがどのように機能するかをよく理解し、コンテナ間でシークレットを安全に送信する方法を知っているはずです。本章に至るまで、コンテナを悪用する方法と、コンテナを保護する方法を数多く見てきました。

最後に、ランタイム（実行時）の保護に関して、次章で紹介します。

Chapter

13

コンテナのランタイム保護

第10章で見たように、コンテナは**マイクロサービス**アーキテクチャに適しています。アプリケーション開発者は、複雑なソフトウェアアプリケーションを、独立した機能に分割し、それぞれをコンテナイメージとして提供できます。

大規模なシステムを、明確に定義されたインタフェースを持つ小さなコンポーネントに分割することで、個々のコンポーネントの設計、コーディング、テストが容易になります。また、安全性の確保も容易になります。

13.1 コンテナイメージプロファイル

あるコンテナが、マイクロサービスの機能を1つ持つ場合、そのマイクロサービスが何をすべきかは比較的簡単に想像できます。マイクロサービスのコードはコンテナイメージに組み込まれており、そのコンテナイメージに対応するランタイムプロファイルを構築して、動作に必要な構成の定義ができます。

あるコンテナイメージからインスタンス化されたすべてのコンテナは、同じように動作します。したがって、あるコンテナイメージに対してプロファイルを定義し、そのイメージに基づくすべてのコンテナ間のトラフィックを制御するために使用することは理にかなっています。

Memo

Kubernetesでは、ランタイムセキュリティは、PodSecurityPolicyや同じレイヤーで動作するセキュリティツールなどを通じて、Pod単位で制限する場合があります。Podは基本的にnetwork namespaceを共有するコンテナの集まりなので、実行時におけるセキュリティの基本的な仕組みは同じです。

ここでは、10.1節「コンテナファイアウォール」のECプラットフォームの例と同じように、ECサイトを閲覧している顧客が入力した検索用語を、リクエストとして受け付ける商品検索サービスを使用することを想定します。商品検索サービスの役割は、検索用語に一致する商品をデータベースで検索し、結果を返すことです。まず、このマイクロサービスに対して予想されるネットワークトラフィックを考えることから始めましょう。

監訳・補足

Pod Security Standards/Pod Security Admission

PodSecurityPolicy（PSP）は、Kubernetes v1.21の時点で非推奨となり、v1.25で削除されました。現在では、これに代わる規格としてPod Security Standards（PSS）があり、そこでは、あらかじめ3つのセキュリティポリシーが定義されています。

- Privileged：制限がないポリシー
- Baseline：権限昇格を禁止するための最低限の制限ポリシー
- Restricted：最も制限が厳しいポリシー

それらのポリシー違反に対して、実際にどのような制限（Podの作成を禁止するのか、監査ログに残すのかなど）を行うのかは、PSSの実装であるPod Security Admission（PSA）で設定します。

PSPやPSAに関する詳細は、以下のリンクを参照してください。

- https://kubernetes.io/docs/concepts/security/pod-security-standards/
- https://kubernetes.io/docs/concepts/security/pod-security-admission/

PSPからPSAへの移行については、以下のリンクを参照してください。

- https://kubernetes.io/docs/tasks/configure-pod-container/migrate-from-psp/

ネットワークトラフィックプロファイル

商品検索サービスの説明から、そのコンテナは特定のIngressまたはロードバランサから来るリクエストを受け入れ、応答する必要があり、データベースへ接続する必要があると推測できます。ロギングやヘルスチェックのような一般的なプラットフォームの機能を除けば、このサービスが他のトラフィックを処理したり開始したりする理由はありません。

第10章を振り返ると、このサービスへ許可されるトラフィックを定義したプロファイルを作成し、それを利用してネットワークレベルでの制限を定義することはそれほど難しくはありません。セキュリティツールの中には、サービスとのトラフィックを監視し、通常のトラフィックフローがどのようなものであるかのプロファイルを自動的に構築する記録モードで動作できるものがあります。このプロファイルは、コンテナファイアウォールルールやネットワークポリシーに変換できます。

観測してプロファイルを構築できるのは、ネットワークトラフィックだけではありません。実行ファイルについて考えてみましょう。

実行ファイルのプロファイル

この商品検索サービスでは、いくつのプログラムを実行すればよいでしょうか。説明のために、このサービスはGo言語で書かれ、productsearchという名前の実行ファイルになっていると想定します。このコンテナ内で実行されているプログラムを監視するとしたら、productsearchしかプロセスはないはずです。それ以外のプロセスがあることは正常でなく、攻撃の兆候である可能性があります。

サービスがPythonやRubyのようなスクリプト言語で書かれている場合でも、コンテナの実行に、何が受け入れられ、受け入れられないかを推測できます。そのサービスは、他のコマンドも実行するためにシェルスクリプトにする必要がありますか？　もしそうでなければ、商品検索サービスでbash、sh、zshのような実行ファイルが動いているのなら注意を払うべきです。

これは、コンテナをイミュータブルであるものとして扱い、本番システム上のコンテナで直接シェルを開かないことを前提としています。攻撃者がアプリケーションの脆弱性を利用してリバースシェルを開くことと、管理者がなんらかの「メンテナンス」を行うためにシェルを開くことの間には、セキュリティの観点からほとんど違いがありません。第7章の「イミュータブルコンテナ」(149ページ) で説明したように、これはバッドプラクティスとみなされます。

では、コンテナ内で起動される実行ファイルを見分けるにはどうすればいいでしょうか。そのための技術の1つがeBPFです。

eBPFを用いた実行ファイルの観測

例として、nginxコンテナを考えてみましょう。通常、このコンテナ内で実行が期待されるプロセスはnginxプロセスのみです。第8章で紹介したTraceeプロジェクトを使うと、nginxコンテナ内で起動されるプロセスを簡単に観測できます。

TraceeはeBPF (extended Berkeley Packet Filter) と呼ばれる技術を使用しています。TraceeはeBPFでカーネルにコードを挿入させるので、rootとして実行する必要があります。

Memo

eBPFについて理解を深めるには、eBPF Superpowersに関する筆者の講演のスライド●1から始めるとよいでしょう。その後、Brendan GreggのWebサイト●2にアクセスすれば、さらに多くの情報を見つけることができます。

●1 https://speakerdeck.com/lizrice/ebpf-superpowers

●2 https://brendangregg.com/

Traceeを起動した後、nginxコンテナを実行します。

```
$ docker run --rm -d --name nginx nginx
```

Traceeでは、予想どおりnginxの実行ファイルが起動していることがわかります (わかりやすくするため、一部の出力を省略しています)。

```
EVENT   ARGS
execve /usr/sbin/nginx
```

ここで、たとえばdocker exec -it nginx lsのようにコンテナ内で別のコマンドを実行すると、実行ファイルがTraceeの出力に表示されます。

```
EVENT   ARGS
execve /usr/sbin/nginx
execve /bin/ls
```

攻撃者が、このコンテナの中で仮想通貨のマイニングをすると想像してください。マイニングの実行ファイルが起動すると、Traceeのようなツールで実行ファイルを確認できます。ランタイムセキュリティツールでは、このような観測ができます。eBPFや独自の技術を使って、実行ファイルの起動を検知し、実行ファイル名をホワイトリストまたはブラックリストと比較します。今日のeBPFベースのツールの欠点については後述します。

まずは、与えられたコンテナイメージに対してプロファイルに設定できる他のプロパティをいくつか考えていきましょう。

ファイルアクセスプロファイル

eBPFや他の技術を使って、実行ファイルを起動するためにシステムコールがいつ使われるかを観測できるのと同じように、ファイルへのアクセスのシステムコールを観測できます。一般的に、あるサービスがアクセスすると考えられるファイルパスも比較的限られています。例としてTraceeを使い、nginxコンテナで以下のファイルリストを取得しました。

```
openat /etc/ld.so.cache
openat /lib/x86_64-linux-gnu/libdl.so.2
openat /lib/x86_64-linux-gnu/libpthread.so.0
openat /lib/x86_64-linux-gnu/libcrypt.so.1
openat /lib/x86_64-linux-gnu/libpcre.so.3
openat /usr/lib/x86_64-linux-gnu/libssl.so.1.1
openat /usr/lib/x86_64-linux-gnu/libcrypto.so.1.1
openat /lib/x86_64-linux-gnu/libz.so.1
openat /lib/x86_64-linux-gnu/libc.so.6
openat /etc/localtime
openat /var/log/nginx/error.log
openat /usr/lib/ssl/openssl.cnf
openat /sys/devices/system/cpu/online
```

```
openat /etc/nginx/nginx.conf
openat /etc/nsswitch.conf
openat /etc/ld.so.cache
openat /lib/x86_64-linux-gnu/libnss_files.so.2
openat /etc/passwd
openat /etc/group
openat /etc/nginx/mime.types
openat /etc/nginx/conf.d
openat /etc/nginx/conf.d/default.conf
openat /var/log/nginx/error.log
openat /var/log/nginx/access.log
openat /var/run/nginx.pid
openat /proc/sys/kernel/ngroups_max
openat /etc/group
```

このリストはとても長いため、経験豊富なプログラマでも手作業でプロファイルを作成しようとすると、これらのファイルのいくつかを省略してしまう可能性があります。先ほども述べましたが、セキュリティツールの中には実行中のコンテナで自動的にプロファイルを構築し、プロファイルに含まれないファイルを開くとアラートを発報したり、開かないようにしたりする機能を備えるものもあります。

ユーザーIDプロファイル

第6章で説明したように、コンテナではプロセスを実行するユーザーID（UID）を定義できるため、これも実行時にセキュリティツールで取り締まることができます。その場合、アプリケーションプロファイルでは非rootユーザーを使用していることを推奨します（詳細については、9.1節「デフォルトでのコンテナのroot実行」を参照してください）。

一般的に、コンテナが1つの機能を実行する場合、おそらく1つのユーザーIDのみで操作する必要があります。コンテナが別のユーザーIDを使用するのを確認した場合、注意すべきです。プロセスが予期せずrootとして実行された場合、この特権の拡大はより大きな懸念材料になります。

その他のランタイムプロファイル

さらに低いレベルでproductsearchのプロファイルを作成し、このサービスが実行する必要のあるシステムコールとcapabilityのセットを定義できます。ここから、このコンテナにのみ適用されるseccompまたはAppArmorプロファイル（8.2節を参照）を作成できます。Jess Frazelleのbane❶は、このようなAppArmorプロファイルを生成するためのツールです。

Traceeを使って`cap_capable`システムコールを観測すると、`nginx`コンテナに必要なcapabilityのリストが以下のように表示されました。

```
CAP_CHOWN
CAP_DAC_OVERRIDE
CAP_DAC_READ_SEARCH
CAP_NET_BIND_SERVICE
CAP_SETGID
CAP_SETUID
CAP_SYS_ADMIN
```

同様に、コンテナが使用するシステムコールのリストを作成し、seccompプロファイルに変換できます。

マイクロサービスでは、モノリスよりもこれらのプロファイルを構築するのがより簡単です。なぜなら、マイクロサービスを通じて考えられるパスの数が少ないからです。ファイルアクセスのイベント、システムコール、実行ファイルがすべて網羅されているかどうかをチェックするために、Happy Path❷だけでなくError Pathを実行することも比較的簡単です。

マイクロサービスにおいて、どのような実行ファイル、UID、ネットワークトラフィックが想定されるかという観点から、正常な動作を期待するプロファイルを構築できることを確認できました。このようなプロファイルを利用して、実行時にセキュリティを提供するツールがいくつかあります。

コンテナセキュリティツール

これらのツールのいくつかは、前章ですでに紹介しています。

- 第8章では、各コンテナが独自のAppArmor、SELinux、またはseccomp

---

❶ https://github.com/genuinetools/bane
❷ https://en.wikipedia.org/wiki/Happy_path

プロファイルで実行されるように構成することについて説明しました。

- ネットワークトラフィックは、第10章で説明したように、ネットワークポリシーまたはサービスメッシュを使用して実行時に制御できます。

実行ファイル、ファイルアクセス、UIDを実行時に取り締まるためのツールも追加されています。これらのほとんどは商用ツールですが、オープンソースの選択肢として、CNCFのプロジェクトで取り扱われているFalcoがあります。これは、eBPFを使用してコンテナの挙動を観測し、予期せぬ実行ファイルが動作するなど、異常が発生したときにアラートを発報します。このアプローチは、異常な動作を検出するための強力な方法ですが、強制力を発揮するには限界があります。なぜなら、eBPFはシステムコールを検出できても変更はできないからです 監注1 。したがって、これは潜在的な攻撃を観測しアラートするためには効率的ですが、実際に攻撃を阻止するためには別のメカニズムが必要です。Falcoは、実行中のシステムを自動的に再設定するか、人的支援をコールするかのいずれかに使用できるアラートをトリガーできます 監注2 。

防止かアラートか

ランタイムの保護にどのツールを使うにしても、考慮すべき点が1つあります。それは、異常な動作を検知したときに、ツールがどのような対応をとらせるかということです。ネットワークポリシーやseccomp、SELinux、AppArmorプロファイルを適用するには、先のことを考慮する必要があります。しかし、本章で取り上げた他の形式のランタイムプロファイルについてはどうでしょうか。

ランタイムの保護を提供する商用ツールは、コンテナ内にフックする独自の技術を使用し、異常な実行ファイルの実行、不正なユーザーIDの使用、ファイルやネットワークに対する予期しないアクセスを防止できます。

通常、これらのツールは、異常な動作が発生した場合に、防止措置を取るのではなく、単にアラートを発報するだけのモードも提供しています。

プロファイル外の動作を防ぐことができないツールを使っている場合、アラ

監注1 2023年2月時点では、bpf_override_returnを使用して、エラー挿入時に一部のシステムコールの戻り値を変更できます。
https://man7.org/linux/man-pages/man7/bpf-helpers.7.html

監注2 eBPFをベースとしたTetragonでも、セキュリティイベントの検知やプロセスの停止を行うことができます。
https://github.com/cilium/tetragon

ートが提供されます。つまり、コンテナがなんらかの形で異常な動作をしているという通知を受け取ります。このアラートをどのように扱うべきかは複雑な問題です。

- アラート発生時にコンテナを自動削除した場合、ユーザーへのサービスに影響はないか
- それだけでなく、コンテナを削除すると、フォレンジックに有用な証拠も消去されてしまうのではないか
- アラートのトリガーとなった特定のプロセスだけを終了させることもできるが、そのプロセスが「正常な」プロセスであり、たとえばインジェクション攻撃によって、予期せぬ動作をさせられていたとしたらどうなるのか
- 新しいインスタンスを起動するためにオーケストレータへ依存している場合、その新しいインスタンスが同じ攻撃を受けるとしたらどうなるのか。たとえば、コンテナが立ち上がり、異常な動作が検出され、セキュリティツールがコンテナを強制終了し、オーケストレータが再作成するという悪循環に陥る可能性がある
- これがコンテナの新しいバージョンであれば、前のバージョンにロールバックできるか
- 予期せぬ行動を調査し、対応策を決定するために、人の介入に頼るべきか。この方法では、攻撃に対処するまでにかなりの遅れが生じることは避けられず、攻撃が意図したとおりにデータを抜き取ったり、損害を生じさせたりするのに十分な時間である可能性がある

セキュリティアラートを自動的に処理する方法に唯一の正解はありません。対処にかかる時間が長ければ、攻撃者が損害を与えることができるかもしれません。この点で、予防措置は事後対応よりもはるかに優れています。

もし、セキュリティツールがコンテナ内の異常な動作を事前に防ぐことができれば、コンテナは以前と同じように動作する可能性があります。たとえば、攻撃者が商品検索コンテナに侵入し、暗号資産のマイニングを実行しようとしているとします。この実行ファイルはプロファイルに含まれていないため、ランタイムセキュリティツールはこの実行ファイルを一切実行しないようにします。正常なプロセスは通常どおり実行されますが、暗号資産のマイニングの攻

撃は阻止されます。

ツールのベストな選択肢は、異常な動作を防止しつつアラートやログを生成し、それが攻撃であるかどうかを調査して判断し、適切な次のステップを決定できることです。

13.2 Drift Prevention

第7章の「イミュータブルコンテナ」(149ページ) では、コンテナをイミュータブル (不変) として扱うことがベストプラクティスと説明しました。コンテナは、そのイメージからインスタンス化され、その後、コンテナの中身が変更されることはありません。アプリケーションのソースコードが必要とする実行可能ファイルや依存ファイルは、すべてイメージに含まれている必要があります。先ほど、脆弱性検出の観点からこのことを説明しました。イメージに含まれていないコードに対しては脆弱性をスキャンできません。このため、スキャンしたいものがすべてイメージに含まれていることを確認する必要があります。

コンテナをイミュータブルなものとして扱うことで、Aqua Securityの提供する「**Drift Prevention**」の機能を利用し、実行時にコードインジェクションを検出することができます。これには、次のようにスキャン時と実行時のステップ間で調整が必要です。

- スキャナは、スキャンの一部として、イメージ内のファイルからフィンガープリントを取得します。
- 実行時、コンテナが新しい実行プロセスを開始するたびに、セキュリティツールがチェックを追加します。セキュリティツールは、実行ファイルをスキャンステップのファイルフィンガープリントと比較します。ファイルが同一でない場合、実行可能ファイルの実行は許可されません (コンテナ内で「permission denied」エラーを発生させます)。

ファイル名のリストではなく、ファイルのフィンガープリントを使用することで、コードインジェクションされた実行ファイルを正当なものとして偽装するのを防ぐことができます。

13.3 まとめ

本章で説明したように、コンテナに特化したセキュリティツールはきめ細かいランタイムの保護ができるため、特に銀行や医療機関など、多くのリスクを抱える組織では魅力的な存在となっています。

本書もそろそろ終盤です。最終章では、OWASPが収集したセキュリティリスクのトップ10をレビューし、これらのリスクとコンテナ型デプロイメントに特有の対策を関連付けて説明します。

Chapter

14

コンテナとOWASPトップ10

もしあなたがセキュリティ分野の業務に携わっているならば、OWASP❶（Open Web Application Security Project）という言葉を目にしたことがあるかもしれません。この組織は、定期的にWebアプリケーションに関するセキュリティリスクのトップ10を発表しています。

すべてのアプリケーションがWebアプリケーションであるわけではありませんが、コンテナであろうとなかろうと、どの攻撃に最も注意を払うべきかを考えるうえでこれは素晴らしいリソースです。また、OWASPのWebサイトでは、これらの攻撃に関する説明と、攻撃を防ぐためのアドバイスを見ることができます。この章では、執筆時点のトップ10❷（発表は2017年）のリスクをコンテナ特有のセキュリティアプローチと関連付けて説明します。

監訳・補足

OWASP Top 10: 2021

OWASP Top 10は原著で紹介されている2017年版に続き、監訳時点での最新版として2021年版が公開されています。2021年版ではカテゴリーの統合や名称変更、新しいカテゴリーの追加がありました。変更点の詳細については公式ドキュメント●をご参照ください。

● https://owasp.org/Top10/ja/

ここでは、新たに追加された3つのカテゴリーについてご紹介します。

安全が確認されない不安な設計（Insecure Design）

設計やアーキテクチャの欠陥に関するリスクに焦点を当て、脅威モデリングやセキュアなデザインパターン、リファレンスアーキテクチャなどの利用を推奨しています。最小権限や職務分掌、多層防御などのセキュリティの原則に従うこと（第1章参照）、ユニットテストや結合テストの実施も対策として挙げられています。

ソフトウェアとデータの整合性の不具合

2017年版の「安全でないデシリアライゼーション」を取り込み、さらにCI/CDパイプラインにおけるソフトウェアサプライチェーンのリスクにも注目しています。

❶ https://owasp.org/
❷ https://owasp.org/www-project-top-ten/

コンテナイメージの安全なデプロイについては、イメージの署名やアドミッションコントロールの導入を検討してください（第6章参照）。

サーバーサイドリクエストフォージェリ（SSRF）

SSRFは、Webアプリケーションがユーザーから提供されたURLを検証せずに、リモートアクセスに使用することで発生します。Kubernetes環境では、NetworkPolicyを利用してPodからのリクエストを制限できます（第10章参照）。

また、Kubernetesのセキュリティに特化した内容として、OWASP Kubernetes Top 10（2022年版）が新たに作成されました。Kubernetesにおける脆弱性や設定ミス、管理の欠如に関するカテゴリーが用意されています。

- https://owasp.org/www-project-kubernetes-top-ten/

14.1 インジェクション

もしあなたのコードにインジェクションの欠陥があれば、攻撃者はそのコードを使って、細工したデータを入力することでコマンドを実行できます。これは、Little Bobby Tables[3]がうまく表現しています。

コンテナイメージスキャンは、依存関係にある既知のインジェクションの脆弱性を明らかにできます。しかし、コンテナに特化したものはありません。OWASPの提案に従って自身のアプリケーションコードをレビューし、テストする必要があります。

[3] https://xkcd.com/327

14.2 認証の不備

このカテゴリーには、脆弱な認証と漏洩した認証情報が含まれます。アプリケーションレベルでは、従来のデプロイメントにおけるモノリスと同じセキュリティのアドバイスがコンテナ化されたアプリにも適用されますが、さらにコンテナ特有の考慮すべき事項があります。

- 各コンテナで必要とされる認証情報は、シークレットとして扱われるべきです。これらのシークレットは第12章で説明したように、厳重に保管し、実行時にコンテナへ渡す必要があります。
- アプリケーションを複数のコンテナ化されたコンポーネントに分割することは、それらのコンポーネントがお互いを識別し、通常は証明書・安全な接続を使用して通信する必要があることを意味します。これはコンテナによって直接処理できますが、処理を委譲するためにサービスメッシュを使用することもできます。詳細については、第11章を参照してください。

14.3 機密情報の露出

特に、アプリケーションがアクセスする個人情報、財務情報、その他の機密情報を保護することは重要です。

コンテナ化されているかどうかにかかわらず、機密情報は常に強力な暗号化アルゴリズムを使って、保存時および転送時に暗号化する必要があります。時間が経つにつれて処理能力が向上すると、ブルートフォース攻撃が可能になり、古いアルゴリズムはもはや安全に使用できないと考えられます。

機密情報は暗号化されているため、アプリケーションはそれにアクセスするための認証情報が必要になります。最小権限と職務分掌の原則に従って、アクセスする必要のあるコンテナだけに認証情報を限定します。コンテナへのシークレットの安全な受け渡しについては第12章を参照してください。

鍵、パスワード、その他の機密情報が埋め込まれていないか、コンテナのイメージをスキャンすることを検討します。

14.4 XML外部エンティティ参照（XXE）

この脆弱なXMLプロセッサのカテゴリーには、コンテナに特化したものはありません。OWASPの提案に従い、自身のアプリケーションコードに欠陥がないか分析し、コンテナのイメージスキャナを使って依存関係にある脆弱性を発見する必要があります。

14.5 アクセス制御の不備

このカテゴリーは、ユーザーやコンポーネントに不必要に付与される可能性のある特権の乱用に関連するものです。第9章で説明したように、コンテナに最小権限を適用するためのコンテナ固有のアプローチがいくつかあります。

- コンテナをrootで実行しない
- 各コンテナに付与されるcapabilityを制限する
- seccomp、AppArmor、SELinuxを使用する
- 可能であれば、rootlessコンテナを使用する

これらのアプローチは、攻撃の影響範囲を制限できます。しかし、これらの制御はいずれもアプリケーションレベルのユーザー特権に関連していないため、従来のデプロイメントと同じ提案をすべて適用する必要があります。

14.6 セキュリティの設定ミス

多くの攻撃は、設定が不十分なシステムを対象にしています。OWASPトップ10で強調されている例としては、安全でない設定、不完全な設定、オープンなクラウドストレージ、機密情報を含む冗長なエラーメッセージなどがあり、これらはすべてコンテナとクラウドネイティブのデプロイメントに特有の緩和策を備えているものばかりです。

- CIS Benchmarks❹のようなガイドラインを使用して、システムがベストプラクティスに従って構成されているかどうかを評価します。DockerやKubernetesのベンチマークや、基盤となるLinuxホストのベンチマークがあります。システムの環境によって、すべての推奨事項に従うことは適切でないかもしれませんが、環境を評価するための非常に良い出発点となります。
- パブリッククラウドを利用している場合、CloudSploit❺やDivvyCloud❻などのツールを使って設定をチェックし、一般にアクセス可能なストレージバケットや不適切なパスワードポリシーなどがないかどうかを確認できます。Gartner社は、こうしたチェックを「Cloud Security Posture Management（CSPM）」と呼んでいます。
- 第12章で説明したように、環境変数を使って機密情報を伝えると、ログを通じて漏洩しやすいので、環境変数は機密性のない情報にだけ使うことを

❹ https://www.cisecurity.org/cis-benchmarks/
❺ https://cloudsploit.com/
❻ https://divvycloud.com/

お勧めします。

また、このOWASPのカテゴリーに属するコンテナイメージの構成情報についても検討することをお勧めします。これについては、第6章でイメージを安全に構築するためのベストプラクティスと一緒に取り上げました。

14.7 クロスサイトスクリプティング(XSS)

これは、アプリケーションレベルで作用する別のカテゴリーです。したがって、コンテナでアプリケーションを実行する場合でも、このリスクは考慮する必要があります。脆弱な依存関係を特定するために、コンテナイメージスキャナを使用する必要があります。

14.8 安全でないデシリアライゼーション

この攻撃では、悪意のあるユーザーが細工をしたペイロードを提供し、アプリケーションはそれを解釈してユーザーに追加権限を与えたり、アプリケーションの動作をなんらかの方法で変更したりします 監注1 。

この攻撃の影響を抑えるためにコンテナに特化したアプローチもありますが、この攻撃も一般的には、アプリケーションがコンテナで実行されているかどうかには影響されません。

監注1 原著者談「2011年、シティバンクの顧客としてこの脆弱性に遭遇しました。シティバンクには、ログインしたユーザーがURLを変更するだけで他人の口座にアクセスできる脆弱性がありました」

- 予防に関するOWASPの提案には、デシリアライズを実行するコードを分離し、低特権環境で実行するよう推奨しています。特にFirecracker、gVisor、Unikernel、または第8章で説明した他のアプローチを使用する場合、デシリアライズのステップを専用のマイクロサービスで実行することで、その分離を提供できます。コンテナを非rootで実行し、可能な限り権限を絞り、seccomp、AppArmor、SELinuxプロファイルを縮小して実行すれば、この種の攻撃が利用しようとする特権も制限可能でしょう。
- OWASPが推奨するもう1つの方法は、デシリアライズを行うコンテナやサーバーとの間のネットワークトラフィックを制限することです。ネットワークトラフィックを制限する方法については、第10章で説明しました。

14.9 既知の脆弱性を持つコンポーネントの使用

ここまで本書を読み進めた皆さんは、ここで私がどのようにアドバイスするのか予想できることでしょう。それは、イメージスキャナを使用して、コンテナイメージの既知の脆弱性を特定することです。また、以下のようなプロセスやツールも必要です。

- コンテナイメージを再度ビルドし、最新の固定パッケージを使用する。
- 脆弱なイメージに基づき、実行中のコンテナを特定し、置き換える。

14.10 不十分なログとモニタリング

OWASPのサイトでは、侵入の特定に平均で200日近くかかるという恐るべき統計が紹介されています。十分な監視により、この時間を大幅に短縮できます。

以下のようなコンテナイベントをログに記録する必要があります。

- コンテナの起動・停止イベント（イメージと起動ユーザーの識別を含む）
- 機密情報へのアクセス
- 権限の変更について
- コードインジェクションを引き起こす可能性のあるコンテナペイロードの変更（13.2節の「Drift Prevention」を参照）
- インバウンドとアウトバウンドのネットワーク接続
- ボリュームマウント（9.3節「機密性の高いディレクトリのマウント」で説明したように、その後機密性が高いと判明する可能性のあるマウントの分析に使用）
- ネットワーク接続の開始、ファイルへの書き込み、ユーザー権限の変更など、攻撃者がシステム上で偵察を行っていることを示す可能性のある失敗した処理

本格的な商用コンテナセキュリティツールのほとんどは、企業のSIEM（Security Information and Event Management）と統合し、集中型システムを通じてコンテナセキュリティインサイトとアラートを提供します。攻撃を観測してイベント後に報告するよりもさらに優れているのは、これらのツールが、予期しない動作について報告するだけでなく、第13章で説明したように、ランタイムプロファイルに基づいてその発生を防止する保護機能を提供できることです。

14.11 まとめ

OWASPトップ10は、インターネットに接続されたアプリケーションを、最も一般的な攻撃に対してより安全にするための有用なリソースです。

本章で最も頻繁に登場するコンテナ固有の推奨事項は、サードパーティの依存関係にある既知の脆弱性に対して、コンテナイメージをスキャンすることであることにお気づきかもしれません。この方法は、いくつかの問題（特にアプリケーションコードにある悪用可能な欠陥）を検出できませんが、コンテナデプロイメントに導入できる予防ツールの中で、おそらく最も大きな効果を得ることができます。

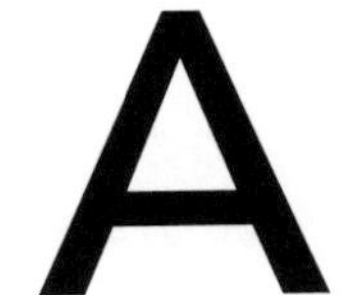

付録A

セキュリティチェックリスト

セキュリティチェックリスト

この付録では、コンテナデプロイメントのセキュリティを確保するための最善の方法を検討する際に、少なくとも考えておくべき重要な項目をいくつか取り上げます。環境によっては、すべての項目を適用することは難しいかもしれませんが、もしそれらについて検討したなら、幸先の良いスタートを切ることができるでしょう。もちろん、このリストがすべてを網羅しているわけではありませんのでご注意ください。

- すべてのコンテナを非rootユーザーで実行していますか。9.1節「デフォルトでのコンテナのroot実行」を参照してください。
- コンテナに`--privileged`オプションを付けて動かしていませんか。各コンテナイメージに不要なcapabilityを削除していますか。9.2節「--privilegedオプションとcapability」を参照してください。
- コンテナを可能な限り読み取り専用で実行していますか。149ページの「イミュータブルコンテナ」を参照してください。
- ホストからマウントされた機密性の高いディレクトリをチェックしていますか。Dockerソケットはどうでしょうか。9.3節「機密性の高いディレクトリのマウント」および9.4節「Dockerソケットのマウント」を参照してください。
- CI/CDパイプラインを本番クラスタで動かしていますか。特権的なアクセス権を持っていますか、またはDockerソケットを使用していますか。121ページの「docker buildの危険性」を参照してください。
- コンテナイメージに脆弱性がないかスキャンしていますか。イメージに脆弱性が含まれていることが明らかになった場合、コンテナを再ビルドして再デプロイするためのプロセスまたはツールを導入していますか。第7章を参照してください。
- seccompまたはAppArmorのプロファイルを使用していますか。デフォルトのDockerプロファイルは手始めの一歩として良いでしょう。さらに望ましいのは、アプリケーションごとにプロファイルをシュリンクラップすることです。第8章を参照してください。
- ホストOSがSELinuxをサポートしている場合、SELinuxが有効になっていますか。アプリケーションに正しいSELinuxプロファイルが設定されていますか。8.3節「SELinux」を参照してください。

- 何のベースイメージを利用していますか。スクラッチイメージやディストロレスイメージ、Alpine、RHEL minimalなどのオプションは利用できますか。攻撃対象領域を小さくするために、イメージの中身を最小限にできますか。第6章の「セキュリティのためのDockerfileのベストプラクティス」(130ページ) を参照してください。
- イミュータブルコンテナの使用を強制していますか。言い換えると、すべての実行可能なコードが、ビルド時にコンテナイメージに追加され、実行時に追加されないことを確認していますか。第7章の「イミュータブルコンテナ」(149ページ) を参照してください。
- コンテナにリソース上限を設定していますか。3.3節「リソースの上限設定」を参照してください。
- 許可されたイメージのみを本番環境で実行できるようにするためのアドミッションコントロールがありますか。第6章の「アドミッションコントロール」(137ページ) を参照してください。
- コンポーネント間の接続にmTLSを使用していますか。これは、アプリケーションのコード内に実装するか、サービスメッシュを使用できます。第11章を参照してください。
- コンポーネント間の通信を制限するネットワークポリシーはありますか。第10章を参照してください。
- 一時ファイルシステムを使ってコンテナにシークレットを渡していませんか。保存時および送信時にシークレットが暗号化されていますか。シークレット管理システムで保管やローテーションを行っていますか。第12章を参照してください。
- コンテナ内で想定される実行ファイルのみが起動されるように、ランタイムのセキュリティツールを利用していますか。第13章を参照してください。
- Drift Preventionのためのランタイムセキュリティソリューションはありますか。13.2節「Drift Prevention」を参照してください。
- 他のアプリケーションとは切り離して、コンテナの実行環境としてホストを使用していますか。ホストシステムは常に最新のセキュリティリリースに更新していますか。コンテナ専用のOSを利用することを検討してください。4.12節「コンテナのホストマシン」を参照してください。

- CSPM（Cloud Security Posture Management）ツールを使用して、基盤となるクラウドインフラのセキュリティ設定を定期的にチェックしていますか。CIS Benchmarks for Linux、Docker、Kubernetesなどのセキュリティベストプラクティスに従ってホストやコンテナが設定されていますか。14.6節「セキュリティの設定ミス」を参照してください。

おわりに

読了お疲れ様です。おめでとうございます。

私がまず皆さんに望むことは、コンテナとは何かということについて、しっかりとした理解を身につけてほしいということです。これはコンテナデプロイメントをどのように保護するかという議論に大いに役立つでしょう。また、通常のコンテナではワークロード間の分離が十分でない場合に備えて、さまざまな分離に関する知識も身につけておく必要があります。

本書をお読みになって、コンテナ同士がどのように通信し、外のネットワークと通信しているのか、ご理解いただけたと思います。ネットワークはそれ自体が膨大なトピックですが、ここで最も重要なのは、コンテナはデプロイメントの単位だけでなく、セキュリティの単位にもなるということです。コンテナ間や外のネットワークとの間で期待されるトラフィックだけが流れるように制御するオプションはたくさんあります。

侵入されたときに備え、何重もの防御が有効であることはおわかりいただけたと思います。もし攻撃者があなたのデプロイメントの脆弱性を利用したとしても、彼らが突破できない壁がまだあります。防御の層が多ければ多いほど、攻撃が成功する可能性は低くなります。

第14章で紹介したように、Webアプリケーションに対して最もよく悪用される攻撃に適用できる、コンテナ特有の予防策があります。このトップ10リストは、あなたのデプロイメントで考えられるすべての弱点をカバーしているわけではありません。この本の最後に到達した今、改めて022ページの「コンテナ脅威モデル」にあるコンテナ特有の攻撃リストを見直すとよいでしょう。また、付録には、自分のデプロイメントのどこが最も脆弱で、どこの防御を強化すべきかを評価するのに役立つ質問のリストが掲載されています。

本書で紹介する情報が、有事の際にあなたのデプロイメントを守るために役立てば幸いです。もしあなたが攻撃に遭った場合、それが侵入された場合でも、アプリケーションとデータを安全に保つことに成功した場合でも、ぜひその話をお聞かせください。フィードバック、コメント、攻撃に関する話はいつでも歓迎です。

問題提起はcontainersecurity.techで受け付けています。Twitterでは@lizriceです。

Liz Rice

INDEX

索引

E

F

G

H

I

J

K

索引

■著者紹介

Liz Rice（リズ・ライス）

コンテナセキュリティを専門とするAqua Security社で、VP of Open Source EngineeringとしてTrivy、Tracee、kubehunter、kube-benchなどのプロジェクトを統括。CNCFのTechnical Oversight Committeeであり、コペンハーゲン、上海、シアトルで開催されたKubeCon＋CloudNativeCon 2018では共同議長を務めた。

ネットワークプロトコルや分散システム、VOD、音楽、VoIPなどのデジタル技術分野での仕事において、ソフトウェア開発、チーム、プロダクトマネジメントの豊富な経験を持つ。コードに触れていないときは、生まれ故郷のロンドンよりも天気の良い場所で自転車に乗ったり、Zwiftでのバーチャルレースに参加したりしている。

■監修

株式会社スリーシェイク（3-shake Inc.）　https://3-shake.com/

SREコンサルティング事業「Sreake（スリーク）」を中心に、AWS/Google Cloud/Kubernetesに精通したプロフェッショナル集団が技術戦略から設計・開発・運用まで一貫してサポートするテックカンパニー。

■訳

水元 恭平（みずもと きょうへい）

Windows環境でのアプリケーション開発を経験後、株式会社スリーシェイクでSRE/CSIRTとして技術支援を行っている。専門分野はコンテナ・クラウドセキュリティとKubernetes。CloudNative Days Tokyo 2021実行委員。

生賀 一輝（しょうか いっき）

事業会社のインフラエンジニア、株式会社ユーザベースのSREとして従事後、株式会社スリーシェイクに入社。日々、クライアントの要件に応じて多角的なSRE支援を行っている。専門分野はクラウドインフラとKubernetesエコシステム。過去にGoogle Cloud Anthos DayやKubernetesイベント等に登壇。

戸澤 涼（とざわ りょう）

株式会社スリーシェイクに新卒入社。現在3年目。AWS/Google Cloud領域でKubernetesを活用したいお客様に対して、SREとして技術支援を行っている。クラウドネイティブやKubernetesをテーマに社内外での登壇経験あり。

元内 柊也（もとうち しゅうや）

インフラエンジニアとしてホスティングサービスの開発、運用を経て、現在は株式会社スリーシェイクにてソフトウェアエンジニアとして勤務。Webシステムの歴史、運用、開発について興味があり、SREのような信頼性の観点からのプラクティスや運用技術をプロダクトに落とし込めるように日夜開発を行っている。

装丁／本文デザイン　大下賢一郎
DTP　有限会社風工舎（川月 現大）
編集　コンピューターテクノロジー編集部
校閲　東京出版サービスセンター

本書のご感想をぜひお寄せください

https://book.impress.co.jp/books/1122101051

読者登録サービス CLUB IMPRESS

アンケート回答者の中から、抽選で**図書カード（1,000円分）**などを毎月プレゼント。
当選者の発表は賞品の発送をもって代えさせていただきます。
※プレゼントの賞品は変更になる場合があります。

■商品に関する問い合わせ先

このたびは弊社商品をご購入いただきありがとうございます。本書の内容などに関するお問い合わせは、下記のURLまたは二次元バーコードにある問い合わせフォームからお送りください。

https://book.impress.co.jp/info/

上記フォームがご利用いただけない場合のメールでの問い合わせ先

info@impress.co.jp

※お問い合わせの際は、書名、ISBN、お名前、お電話番号、メールアドレスに加えて、「該当するページ」と「具体的なご質問内容」「お使いの動作環境」を必ずご明記ください。なお、本書の範囲を超えるご質問にはお答えできないのでご了承ください。

- 電話やFAXでのご質問には対応しておりません。また、封書でのお問い合わせは回答までに日数をいただく場合があります。あらかじめご了承ください。
- インプレスブックスの本書情報ページ https://book.impress.co.jp/books/1122101051 では、本書のサポート情報や正誤表・訂正情報などを提供しています。あわせてご確認ください。
- 本書の奥付に記載されている初版発行日から3年が経過した場合、もしくは本書で紹介している製品やサービスについて提供会社によるサポートが終了した場合はご質問にお答えできない場合があります。

■落丁・乱丁本などの問い合わせ先

FAX　03-6837-5023
service@impress.co.jp
※古書店で購入された商品はお取り替えできません。

コンテナセキュリティ

コンテナ化されたアプリケーションを保護する要素技術

2023年　4月11日　初版第1刷発行
2024年　2月21日　初版第2刷発行

著　者　Liz Rice
訳　者　水元 恭平、生賀 一輝、戸澤 涼、元内 柊也
監　修　株式会社スリーシェイク
発行人　小川 亨
編集人　高橋隆志
発行所　株式会社インプレス
〒101-0051　東京都千代田区神田神保町一丁目105番地
ホームページ　https://book.impress.co.jp/

印刷所　株式会社暁印刷

ISBN978-4-295-01640-3 C3055

Printed in Japan